Dieses Buch ...

... lässt Sie nicht länger 'einfach nur' denken

... ergründet die Quelle Ihres Erfolges

... macht aus Ihren Fehlern wertvolle Helfer

... hilft Ihnen, Stress effektiv zu nutzen

... schickt Sie zur Konzentration in den Tunnel

... weiht Sie in die Macht positiver Bilder ein

... bestärkt Sie, Ihre Stärken zu stärken

ISBN 978-3-945112-25-0

Bibliografische Information der Deutschen Nationalbibliothek

Die Deutsche Nationalbibliothek verzeichnet diese Publikation in der Deutschen Nationalbibliografie; detaillierte bibliografische Daten sind im Internet über http://dnb.d-nb.de abrufbar.

Fotos Antje Heimsoeth: Orhidea Briegel
Illustrationen: Kerstin Diacont
Druck: BoD, Noderstedt

Siegen beginnt im Kopf

Antje Heimsoeth

PROFILER'S PUBLISHING
Expertenwissen für Ihren Erfolg

VORWORT

„Das Glück im Leben
hängt von den guten Gedanken ab,
die man hat."

Marc Aurel

Ich war 34 Jahre alt, als ein Reitunfall mein Leben veränderte. Zur monatelangen Bewegungsunfähigkeit verdammt, richtete ich meinen Fokus darauf, aus dem Rollstuhl zu kommen – und entdeckte das Neuro-linguistische Programmieren (NLP) für mich. Vom Erfolg dieses Kommunikationsmodells angespornt, vom positiv veränderten eigenen Erleben und Verhalten, beschäftigte ich mich danach u.a. mit Sport- und Emotionspsychologie, Mentaltraining, Zürcher Ressourcenmodell®, Entspannungspädagogik, Kinesiologie, Brain Gym®, Energy Psychology®, Sportmentaltraining und –coaching, wingwave®, energetischem und systemischen Coaching, Konfliktmanagement, Hypnose, Selbsthypnose, Gewaltfreier Kommunikation, Reiss Profile sowie systemischer Aufstellungsarbeit.

Und ich gewann die Überzeugung: Mache dich nicht selbst klein und lasse dich nicht klein machen oder gar andere dich abwerten. Groß denken!
Ich machte mich 2003 als Business und Mental Coach selbstständig. Was mich stärkte, war der Glaube an mich und mein Können, das Wissen um meine Genialität in allen Lebensbereichen, meine Gabe, Menschen in ihrem Handeln und Denken zu berühren, meine Dynamik, Power, Emotionalität und meine Empathie.

Ich fand mehr als einen neuen Beruf, nämlich Berufung und Erfüllung. Als Expertin für Mentale Stärke, Selbstführung und Motivation begleite ich mit meiner SportNLPAcademy® & Heimsoeth Academy Spitzensportler, Profi Teams und Vorstände wie Führungskräfte auf ihrem Weg zu Erfolg, Glück, Gesundheit und Zufriedenheit. Ich helfe ihnen, ihr volles Leistungspotenzial zu nutzen und gebe mein Know-How auch in verschiedenen Ausbildungen und Trainings weiter.

Ich bin weltweit tätig – meine beruflichen Reisen führten mich schon u.a. nach China, Nepal und Russland, 2015 auch nach Amerika und Indien.

Als Mitglied in der German Speakers Association (GSA) zähle ich heute zu Premium Speakers Schweiz und zu den besten 100 Rednern im deutschsprachigen Raum (TOP 100 Excellent Speakers).

2014 wurde ich als „Vortragsrednerin des Jahres 2014" ausgezeichnet. Antje Heimsoeth könne auf der Bühne die Menschen mitreißen, sie in Seminaren und Mental-Coachings für höchste Herausforderungen langfristig motivieren und ihnen mit fundiertem, gelebten Fachwissen und viel Menschlichkeit zur Seite stehen, begründete Stéphane Etrillard, Gründer des Speaker-Portals Vortragsredner.de, die Entscheidung. „Mit Antje Heimsoeth ist die Wahl zum 'Vortragsredner des Jahres 2014' auf eine Persönlichkeit gefallen, die über ein ungewöhnlich tiefes Fachwissen und damit über echte inhaltliche Substanz verfügt. Sie ist Expertin auf ihrem Fachgebiet und überzeugt durch eine hohe Glaubwürdigkeit."

Weiterentwicklung ist mehr als ein Auftrag für mich, ich empfinde sie als Verpflichtung. Offenheit ist eine Grundvoraussetzung für Weiterentwicklung.

Sind Sie bereit dazu?

KONTAKT ZU ANTJE HEIMSOETH

WWW.HEIMSOETH-ACADEMY.COM
WWW.ANTJE-HEIMSOETH.COM

Inhalt

Siegen beginnt im Kopf!

Mentale Stärke im Beruf

Erfolgreiche Führung fußt auf drei wichtigen Säulen:

- das Unternehmen führen
- andere führen
- sich führen

„Führen bedeutet: Andere anleiten, aber gleichfalls sich selbst.“[1] Wer siegreich führen und mit seinen Mitarbeitern etwas erreichen will, braucht daher ein gutes Selbstmanagement. Und das zeichnet sich durch mentale und emotionale Stärke aus.

Mentale Stärke bedeutet, sein Leistungsspektrum ungeachtet aller Widrigkeiten und Störungen voll und ganz ausschöpfen zu können. Im Spitzensport gehört mentales Training mittlerweile in den meisten Disziplinen zur Saison- und Wettkampfvorbereitung.

Mentales Training (mens (lat.): Geist, Verstand, Intellekt) ist die gedankliche Vorbereitung, ein geistiges Hineingehen in eine Situation im Vorfeld. Oder nach Sportprofessor Hans Eberspächer: „Mentales Training ist das planmäßig wiederholte, systematische, bewusste und kontrollierte Optimieren von Vorstellungen des Eigenzustands, einer Handlung oder eines Weges ohne gleichzeitige praktische Ausführung.“[2]

Ziel ist, mit der Kraft der Vorstellung Situationen optimal zu meistern und Höchstleistung abrufen zu können. Wer mental und emotional trainiert, kann Herausforderungen mit Klarheit, Zuversicht und Gelassenheit begegnen.

1 Peters, Bernhard, Hermann, Hans-Dieter u. Müller-Wirth, Moritz, „Führungsspiel. Menschen begegnen, Teams formen, Siegen lernen – Nutzen Sie Erfolgsgeheimnisse des Spitzensports“, Heyne, München, 2008, S. 115

2 Hans Eberspächer, „Mentales Training. Das Handbuch für Trainer und Sportler“, Copress, München, 2004, S. 70

Als Führungskraft unterliegen Sie besonderen Anforderungen: Sie müssen Zielvorgaben erfüllen, gewinnbringend fürs Unternehmen agieren, Ihr Team entwickeln, mit Unsicherheiten umgehen, auf Veränderungsdruck reagieren und zielführend geplante Veränderungen (im Team) ausführen und bewältigen können. Darüber hinaus wird von Ihnen erwartet, dass Sie Motivator, Kapitän der Mannschaft und glänzendes Vorbild sind.

Nicht wenige Führungskräfte werden angesichts dieser umfangreichen Aufgaben von Ängsten und Selbstzweifeln geplagt. Doch Angst vor Abstieg, Fehlern, Blamage, Versagen oder der Konkurrenz kann Ihr Leistungsvermögen negativ beeinflussen und beherrscht schlimmstenfalls Ihr Denken. Gefährlich ist dies, da Ihre innere Haltung und Ihre Einstellungen Ihr Handeln prägen und so den Unterschied zwischen Erfolg und Scheitern machen.

Schon der griechische Philosoph Heraklit wusste, dass sich ständig alles im Wandel befindet – 'panta rhei' (altgr. für 'alles fließt'). Manches davon langsamer, anderes schneller. Der Wandel ist für Sie als Führungskraft ständiger Begleiter.

Der deutsche Hockeytrainer und 'Taktik-Experte' Bernhard Peters definiert das Ausruhen auf Erfolgen, das Festhalten an bewährten Methoden und das Vermeiden neuer Wege als Schwachpunkte bei einem Team.

„Wer führt, hat Ziele – und wer diese erreicht hat, muss verändern."[3] Das Verändern betreffe „sowohl den faktischen, planerischen als auch den emotionalen Teil der Arbeit einer Führungskraft"[4].

---

3 Peters, Bernhard, et al., „Führungsspiel.", S. 112

4 Peters, Bernhard, et al., „Führungsspiel.", S. 112

Verändern heißt auch, am eigenen Führungsstil und Führungsverhalten zu arbeiten. Denn diese sind wesentliche Faktoren für die Arbeitszufriedenheit und das Befinden Ihrer Mitarbeiter – und damit Teil des Gesamtergebnisses Ihrer Führungsleistung.

Die Macht der Gedanken

„Ein Sieger findet für jedes Problem eine Lösung.
Ein Verlierer findet in jeder Lösung ein Problem."

Jörg Löhr

Der berühmte Automobilproduzent Henry Ford hat einst gesagt: „Egal, ob Sie glauben, dass Sie etwas können oder dass Sie es nicht können, Sie haben in jedem Fall recht."

Unsere Gedanken bestimmen unser Handeln und unser Tun. Unser Handeln und unser Tun bestimmen unser Verhalten. Unser Verhalten gestaltet unser Leben und unsere Umwelt.

Sich ständig wiederholende, negative Gedanken wie „Ich schaffe das nicht.", „Ich bin nicht gut genug.", „Ich kann Verantwortung schlecht abgeben." oder „Es war schon immer so. Es wird dieses Mal auch so sein." führen zu Stress, Angst oder Verspannung, unangenehmen Gefühlen und Misserfolg.[5] Die Qualität Ihres inneren Dialogs, also der Art, wie Sie innerlich mit sich selbst umgehen, spielt eine entscheidende Rolle in Ihrem Leben.

Und nun sind Sie dran:

- Worüber denken Sie die meiste Zeit nach?
- Wie steht es um Ihre inneren Dialoge?
- Ist Ihnen schon einmal aufgefallen, welcher Art Ihre Selbstgespräche sind?
- Haben Sie schon einmal bewusst auf Ihre inneren Stimmen geachtet?
- Wie hören sich diese Gedanken an?
- Unterstützen sie Sie oder behindern sie Sie?
- Kommen Sie schnell ins Grübeln?

Die meisten Menschen sind Gefangene ihres eigenen Gehirns. Wir denken am Tag etwa 60.000 einzelne Gedanken. 85 Prozent davon sind negativ und haben eine destruktive Wirkung. Lediglich 15 Prozent aller Gedanken sind positiver Natur und wirken konstruktiv.

Finden Sie heraus, wie Sie lernen können, Ihr eigenes Erleben zu verändern, um Kontrolle über das zu bekommen, was in Ihrem Gehirn tatsächlich passiert.[6]

---

5 Heimsoeth, Antje in: Buchenau, Peter (Hrsg.), „Chefsache Prävention. Wie Prävention zum unternehmerischen Erfolgsfaktor wird", Springer Gabler, Wiesbaden, 2014, S. 77

6 vgl. Bandler, Richard, „Veränderung des subjektiven Erlebens. Fortgeschrittene Methoden des NLP", Junfermann, Paderborn, 1987. S. 20

Programmieren

Stellen Sie sich Ihr Unterbewusstsein wie die Festplatte eines Computers vor. Ihre Gedanken, Worte und Bilder sind dort wie ein Programm abgespeichert.

Das Unterbewusstsein akzeptiert jede Information, die es erhält. Der Verstand ist der Filter. Er entscheidet, was er glaubt und was nicht, je nach bereits einprogrammierten Lebenserfahrungen. Wenn Ihr Verstand etwas für wahr hält – selbst wenn es falsch ist – wird Ihr Unterbewusstsein es als wahr akzeptieren und die entsprechenden Resultate veranlassen.

Die gute Nachricht ist: Genau wie beim Computer können Sie auch Ihre alten, negativen, selbstzerstörerischen Programme Ihres Unterbewusstseins löschen und neu schreiben.

Vom ‘Getriebenen‘ zum Handelnden

Das Unterbewusstsein ist wie einer Ihrer gewissenhaften Angestellten, es braucht und sucht nach Führung. Verweigern Sie als Chef Ihrem Unterbewusstsein diese Führung, dann holt sich Ihr Unterbewusstsein aus externen Quellen die benötigten Direktiven: vom Partner, von Arbeitskollegen und Mitarbeitern, Freunden, von Ihrem Vorgesetzten oder sogar aus den Medien.

Wenn Sie bislang nicht der Chef Ihres Unterbewusstseins waren, dann stellt sich die Frage, wie viele der Gedanken, die Sie täglich im Kopf bewegen, tatsächlich von Ihnen stammen.

Fakt ist: Entweder wählen Sie Ihre Gedanken selbst oder Sie akzeptieren Sie von einer auswärtigen Quelle![7] Als Führungskraft sollte es Ihnen ein unbedingtes Anliegen sein, den Kurs selbst zu bestimmen.

Ihr Unterbewusstsein wird manche Anweisungen mit Freuden ausführen, andere nur halbherzig und bei manchen Instruktionen werden Sie auf Widerstand stoßen – das kennen Sie bereits von Ihren Mitarbeitern.

Machen Sie sich bewusst: Sie sind der Chef! Wiederholen Sie Ihre Anweisungen ans Unterbewusstsein so lange, bis Sie die gewünschten Ergebnisse sehen. Auch bezüglich dieses speziellen Mitarbeiters gilt die Macht der Gewohnheit. Ein wenig Geduld gehört zum Geschäft, doch Sie tun gut daran, die Qualitäten Ihres Unterbewusstseins anzuerkennen und zu schätzen. Bilden Sie mit ihm ein inneres 'Dreamteam'.

---

7 Heimsoeth, Antje, „Golf Mental: Pockettraining", pietsch, Stuttgart, 2012, S. 20

Erfolg
ist auch eine Frage der
Haltung
und Einstellung

Sie können eine passive Haltung und negative Einstellung aufgeben. Und noch mehr: Sie können diese durch positive Einstellungen, klare Gedanken, positive Bilder und förderliche Denkmuster ersetzen und auf diese Weise neue Programme schreiben. Dies erreichen Sie durch das Anerkennen der negativen Gedanken und das Umformulieren negativer Gedanken in positive Gedanken. Achten Sie dabei auf eine tiefe Bauchatmung. Vergegenwärtigen Sie sich einmal Ihren geistig-emotionalen Zustand, wenn Sie eine Bestleistung erbracht haben. Formulierungen wie „Ich war wie im Rausch!", „Ich hatte einen Lauf!" oder „Alles lief wie von selbst!" fallen in diesem Zusammenhang.

In solchen Phasen steht das Denken still – der innere Dialog ist sozusagen vorübergehend außer Betrieb. In ausführlichen Studien hat sich gezeigt, was den erfolgreichen Menschen im Bereich des inneren Dialoges auszeichnet, nämlich dass das Selbstgespräch konstruktiv, anspornend und handlungsorientiert verläuft. Jeder weiß, dass man sich selbst aus diesem genialen Zustand erweckt, sobald man beginnt, wieder nachzudenken. Bei Misserfolgen berichten Menschen oft, dass ein vorhergehendes negatives Selbstgespräch bereits die Weichen in Richtung des unerwünschten Verlaufes vorprogrammiert habe. Negative innere Dialoge fördern also eine Abwärtstendenz im Handeln.[8]

Der „Innere Dialog", Affirmationen

Das Wort Affirmation (= positives Selbstgespräch) beinhaltet das lateinische Wort 'firmare', was so viel bedeutet wie 'festigen, verankern'. Eine Affirmation ist ein bejahender, bekräftigender Satz, der – oft genug laut oder innerlich wiederholt – Gedanken und Überzeugungen verändert.

8 Heimsoeth, Antje in: Buchenau, Peter (Hrsg.), „Chefsache Prävention. Wie Prävention zum unternehmerischen Erfolgsfaktor wird", Springer Gabler, Wiesbaden, 2014. S. 79

Analysieren Sie Ihre Selbstgespräche, die Sie vor, während und nach Stresssituationen führen – und zwar sowohl leichte als auch sehr anspruchsvolle, erfolgreich verlaufende ebenso wie aussichtslose. Jene Selbstgespräche, die förderlich für Ihr Handeln und Ihre Leistung waren, können Ihnen als Inspiration für Ihre Affirmationen dienen.[9]

Wählen Sie für Ihre Affirmationen immer positive, bejahende Formulierungen und bilden Sie kurze, eingängige Sätze mit höchstens zehn Wörtern. Formulieren Sie rhythmisch, ggf. auch lustig oder originell, und in der Gegenwartsform. Und fangen Sie jeden Satz mit „Ich" an. (Beispiele: „Ich habe Selbstvertrauen. Ich fühle mich stark. Ich bin geduldig."). Entwickeln Sie dabei ein inneres Lächeln – das entspannt übrigens gleichzeitig Ihre Gesichtszüge und verleiht Ihnen auch äußerlich eine positive Ausstrahlung.

Verwenden Sie keine Affirmation, von der Sie selbst nicht richtig glauben können, dass sie zutrifft. Notieren Sie Ihre Affirmationen auf Haftzetteln, die Sie in Ihrem persönlichen Bereich in Sichtweite platzieren oder speichern Sie sie als Hintergrundbild auf Ihrem Smartphone ab. Je öfter Sie darauf schauen, umso besser speichert Ihr Unterbewusstsein die Botschaft ab.

Negative Gedanken lassen sich nicht vermeiden – aber Sie können sie bewusst durch positive ersetzen. Um negative Gedanken unter Kontrolle zu bringen, machen Sie folgende Übung:

Gedankenstopp

Diese Technik ist ein Erste-Hilfe-Programm, um aufkommende negative, unerwünschte, immer wiederkehrende,

9 Hans Eberspächer, „Mentales Training. Das Handbuch für Trainer und Sportler", Copress, Wiesbaden, 2004

grüblerische, einschränkende, nicht präzise oder destruktiv formulierte Gedanken, Gefühle und Verhaltensweisen zu stoppen. Sobald negatives Denken, falsche Gedanken oder eine selbsterfüllende Prophezeiung aufkommen, holen Sie ein auf Pappe geklebtes Stoppschild oder ein ähnliches Symbol aus Ihrer Hosentasche, schauen es an und sagen „STOPP" (leise; wenn möglich laut). Sie können das Wort auch mehrmals hintereinander sagen: „STOPP! STOPP! STOPP!". Oder Sie stellen sich das Stoppschild vor. Sie können zusätzlich noch mit einer Hand auf Ihren Schenkel klopfen. Atmen Sie dabei ruhig und tief. Wenn es Sie unterstützt, können Sie sich beim Ein- und Ausatmen vorstellen, wie sich dieser Gedanke in Luft auflöst. Oder Sie stellen sich dabei vor, wie Ihre Gedanken waggonweise als vorbeifahrender Zug in einen Tunnel fahren. Beladen Sie jeden Waggon mit negativen Gedanken. Und wenn Sie die Rücklichter des Zugs im Tunnel verschwinden sehen, passiert dasselbe mit Ihren Gedanken. Sie sind weg.

Nach dem STOPP-Signal richten Sie Ihren Blick wieder auf die anstehende Aufgabe, suchen nach einer Lösung für die Aufgabe bzw. konzentrieren sich auf die Aufgabe. Dies unterstützen Sie mit einem positiv formulierten und unterstützenden Gedanken, z.B. mit der Erinnerung an etwas Angenehmes – es muss nichts mit der aktuellen Situation zu tun haben – oder alternativen Verhaltensprogrammen, damit Sie nicht wieder in das alte, belastende Muster verfallen. Lassen Sie dieses Stopp-Verfahren zur Gewohnheit werden. Das dauert erfahrungsgemäß eine gewisse Zeit. Setzen Sie Affirmationen und den Gedankenstopp zunächst in stressfreien Situationen ein, damit Sie diese dann auch an Tagen schlechter Befindlichkeit wirkungsvoll einsetzen können.

Warum üben? – Wenn Sie sich unter Stress befinden, neigt man dazu, gewohnte Verhaltensweisen oder Stereotypen durchzuführen, ob diese nun der Situation angemessen sind oder nicht. Das heißt: Verhaltensweisen, die kaum trainiert sind, sind in kritischen Momenten nicht abrufbar.

Selbstmanagement bei Krisen, Stress & Co.

Gerade beim Bewältigen von Stress kommt dem Denken, Wahrnehmen und Bewerten (mentale, kognitive Prozesse) große Bedeutung zu. Stress entsteht zu einem erheblichen Teil im Kopf. Wie wir Situationen einschätzen und unsere eigenen Fähigkeiten und Ressourcen beurteilen, hat großen Einfluss darauf, ob es zu Stress kommt oder nicht.

„Nicht die Dinge selbst beunruhigen uns,
sondern die Meinung, die Vorstellungen,
die wir von den Dingen haben."

Epiktet

Das Stressmodell von Richard Lazarus (1974) geht davon aus, dass Stress sehr eng an die Bewertung und Beurteilung der Situation oder eines Ereignisses geknüpft ist.

Nicht die eigentlichen objektiven Merkmale der Situation, die Realität selbst, lösen den Stress aus, sondern Ihre Einschätzung des Problems, Ihre Gedanken, Einstellungen, Empfindungen und Überlegungen. Sobald eine Situation von Ihnen als negativ bewertet wird und Sie diese nicht mehr mit Ihren bestehenden Ressourcen und Fähigkeiten meistern können oder meinen diese nicht mehr meistern zu können, reagiert der Körper mit der urzeitlichen Alarm- und Notfallreaktion. [10]

Je größer die Unsicherheit bzw. Angst (vor Fehlern, Wettkämpfen, Konkurrenzsituationen im Alltag und Beruf) und je bedeutungsvoller die möglichen negativen Konsequenzen, desto größer ist das Gefühl der Bedrohung und damit auch der Stress.

Übertriebener Ehrgeiz, Schlafmangel, Bewegungsmangel, ungünstige Ernährung, Perfektionismus, überhöhte Ansprüche an die eigene Person, Zeitdruck, Enttäuschungen, soziale Unsicherheit, Ängste, Konflikte, schlechte Organisation oder ein schlechter Gesundheitszustand – die Liste möglicher Auslöser für Stress am Arbeitsplatz (und anderswo) könnte endlos fortgesetzt werden.

Dass Stress unser Leistungsvermögen beeinflusst und sich negativ auf die Gesundheit, u.a. auf das Herz-Kreislauf-System und den Stoffwechsel auswirkt, ist hinlänglich bekannt. Doch dass Stress sich langfristig auch auf unsere Gedächtnisleistung auswirkt, haben Wissenschaftler erst vor kurzem festgestellt. Eine schwedische Langzeitstudie zeigt, dass starke psychische Belastung in mittleren Jahren das Alzheimer- und Demenzrisiko im Alter erhöht. Forscher der Universität Göteborg hatten dafür 800 Frauen rund 38 Jahre begleitet und sie mehrfach zu 18 psychosozialen Stressoren befragt. Mit jedem Stressor erhöhte sich das Demenzrisiko um 20 Prozent.[11] Es gilt, Stressauslöser (Stressoren) rechtzeitig zu erkennen, um gegenzusteuern. Sie sollten Ihre Stressbewältigung auf allen Ebenen in den Alltag integrieren. Mentalorientierte Zugänge zur Stressreduktion sind zum Beispiel Autogenes Training, Progressive Muskelentspannung, Fantasiereisen, Gedankenreisen, Körperreisen

---

10 Heimsoeth, Antje in: Buchenau, Peter (Hrsg.), „Chefsache Prävention. Wie Prävention zum unternehmerischen Erfolgsfaktor wird", Springer Gabler, Wiesbaden, 2014, S. 82

11 vgl. Magazin Stern Gesund leben Nr. 6 | 2013

(Psychohygiene-Training, Mentales Training, Zentrieren (Objekt-Konzentration)) oder Selbsthypnose. Auch das Hören von Musik ist ein bewährtes Mittel, um zu entspannen. Herzfrequenz, Atmung und Muskelanspannung verändern sich dabei, ohne dass Sie es bewusst steuern.

Stressoren ‘zähmen‘, Stress bewältigen

Soforthilfen gegen Stresssymptome gibt es auf verschiedenen Ebenen – für das Verhalten, den Körper, die Gedanken und die Gefühle. Ein erster Schritt zu einer Veränderung ist, die eigene Denkweise zu überprüfen und eigene stressverschärfende Gedanken zu erkennen und zu wandeln. Besonders in Situationen, die man selbst nicht ändern kann, regen folgende Fragen zur alternativen Bewertung an: Was kann ich in dieser Situation lernen? Welche Aufgabe habe ich in dieser Situation?

Alle nachfolgend aufgeführten Techniken helfen Ihnen nicht nur in unerwarteten Stresssituationen. Regelmäßig im Alltag praktiziert, sorgen sie für mehr Gelassenheit und innere Ruhe. In der nachstehenden Übersicht[12] gewinnen Sie einen Überblick über Notfallskills auf den verschiedenen Ebenen, deren Einsatz von der jeweiligen Situation und Ihren persönlichen Vorlieben abhängen:

Denken

- Selbstermutigung durch konstruktive Gedanken
- Perspektivenwechsel
- Sinngebung
- Pro und Contra abwägen
- Hirn-Flick-Flacks (Rechenübungen, Quiz-Spiele ...)

Körpereinsatz

- Körperhaltung
- Muskelan- und -entspannung
- Joggen, sich bewegen
- sich auspowern

12 Psychosomatische Abteilung Klinik St. Irmingard, Skript Traumamodul, Dr. P. Heinz, Version 5/2013, Prien am Chiemsee

Wahrnehmung	Handeln
▸ Atmung	▸ ablenkende Aktivitäten
▸ Konzentration auf den Augenblick	▸ konzentriert arbeiten
▸ Körperempfindungen beobachten	▸ Andere unterstützen
▸ Achtsamkeitsübungen mit den fünf Sinnen	▸ Mandala malen

Übung zur mentalen Stressreduktion: „innerer Beobachter"

Wenn Sie mit unangenehmen Situationen bzw. einer schwierigen Aufgabe konfrontiert sind, sollten Sie möglichst rasch Abstand gewinnen. Machen Sie sich zum unbeteiligten Zuschauer, der unbehindert von starken Gefühlen die Problemsituation von außen beobachtet und analysiert. Atmen Sie tief durch, und tun Sie so, als ob Sie einen Film im Kino anschauen würden. Oder Sie stehen auf, stellen sich hinter Ihren Stuhl und sehen sich selbst vorm inneren Auge auf dem Stuhl sitzen. Reflektieren Sie einzelne Aspekte des Ereignisses und denken Sie darüber nach, welche anderen Möglichkeiten Sie noch haben, um auf Ihr Gegenüber oder das Ereignis zu reagieren. Könnten Sie Ihre Verhaltensweisen einer Person gegenüber verändern? Wissen Sie, weshalb Sie Ihr Verhalten einer Person gegenüber beibehalten? Wie gehen Sie mit sich selbst um?

Körperliche Stressreduktion

Der Zugang zur Entspannung und Gelassenheit geht u.a. über die Atmung. Viele Probleme, Ängste und Unsicherheiten, z.B. in schwierigen Situationen oder in Spitzenzeiten, entstehen dadurch, dass die Atmung immer flacher wird. Der Mensch steht mit hoch gezogenen Schultern im Meeting vor seinen Kollegen. Meist fällt einem das selbst nicht auf. Häufiges Sitzen zwängt Bauch und Zwerchfell ein. Zudem atmen die meisten von uns nicht vollständig aus und nutzen so auch nicht die komplette Kapazität der Lunge. Optimal hingegen ist es, lang und tief in den Bauch zu atmen, dabei hebt und senkt sich die Bauchdecke. Schulter und Nacken bleiben entspannt, die Seiten dürfen sich mitbewegen. Wer bewusst ruhig atmet, kann nahezu nicht in Stress geraten – oder sich via Atmung schnell wieder heraushelfen.

Übung: Entspannungsatmen

Sorgen Sie dafür, dass Sie für ein paar Minuten ungestört allein in einem Raum sind. Sie können die Übung bestmöglich im Liegen oder auch im Sitzen und Stehen machen. Gürtel, der auf den Bauch drücken könnte, Kragen und Krawatte lockern, Schuhe evtl. ausziehen. Legen Sie sich bequem auf den Rücken, die Beine ausgestreckt. Ihre Hände liegen auf dem Bauch, die Mittelfinger berühren sich über dem Bauchnabel. Schließen Sie die Augen, wenn Sie mögen.

Atmen Sie ganz langsam durch die Nase ein und zählen Sie dabei langsam bis drei. Atmen Sie bewusst, langsam und gleichmäßig durch den Mund aus. Beim Einatmen hebt sich Ihr Bauch und die Finger gehen leicht auseinander. Halten

Sie den Atem für eine Sekunde an. Atmen Sie nun langsam wieder aus. Die Bauchdecke senkt sich zurück in die Ausgangslage und die Finger berühren sich wieder. Achten Sie darauf, dass das Ausatmen deutlich länger dauert als das Einatmen. Wiederholen Sie diese Atmung mehrere Male.

Selbstcoaching-Tipp: Aktivieren der Thymusdrüse

Diese Übung verbessert Ihre Stimmung, trägt zur Entspannung und Lebensfreude bei, reduziert Stress, steigert die Immunabwehr und sorgt für Ausgeglichenheit.

Klopfen Sie täglich mehrmals etwa eine Minute lang mit den Fingerspitzen oder mit der Faust (sanft) auf die Thymusdrüse. Diese liegt ca. vier Finger breit unterhalb der Halskuhle hinter dem Brustbein in der Mitte des Brustkorbs.

Nehmen Sie zusätzlich Ihre Zunge beim Einatmen hinter die Zähne an den Gaumen. Klopfen Sie solange, bis Sie einen tiefen Atemzug machen müssen. Das ist ein Zeichen dafür, dass sich etwas gelöst hat. Beim Klopfen können Sie folgenden Satz sagen: „Ich liebe, glaube, vertraue, bin dankbar und mutig."

Besonders hilfreich ist das Klopfen der Thymusdrüse vor einem großen Auftritt z.B. auf der Bühne, vor einem Vortrag, einem Referat, vor einem Wettkampf oder vor anstrengenden, wichtigen oder aufregenden Gesprächen.

ÜBUNG: RUHEBILD

Gehen Sie in Ihrer Fantasie an einen Ort, an dem Sie sich rundum wohl fühlen. Das kann der Lieblingsplatz aus der Kindheit hoch oben im Baum sein, der Gipfel eines Berges, den man einmal voller Stolz erklommen hat – in meinem Fall war das die Besteigung des Großglockners –, eine Lichtung im Wald, ein Strand, ein schöner Garten, ein Park, eine wunderschöne Landschaft oder eine erfundene Umgebung.

Die Visualisierung eines schönen Ortes bewirkt wohlige Entspannung und beruhigt die Nerven. Im Idealfall durchströmt uns ein Gefühl der Stärke und Zuversicht, das wiederum hilft, Entscheidungen zu treffen und in eine neue Richtung aktiv zu werden. Suchen Sie einen solchen Ort geistig in hektischen Situationen auf, können Sie sich schnell auf ein niedrigeres Erregungsniveau bringen. Sie rufen Ihr Ruhebild ab, indem Sie z.B. tief durchatmen, ein Schlüsselwort ('Ruhe' o.ä.) sagen und sich mental an Ihren Ort der Ruhe versetzen.

WINGWAVE®

Mit der wingwave®-Technik, die ich gezielt bei Kurzzeit-Coachings wegen der guten Resultate einsetze, durfte ich erfahren, dass durch eine Nachbearbeitung negativer bzw. angstauslösender Erlebnisse mit schnellen Augenbewegungen die emotionale Erinnerung verblasst, sich Unsicherheiten und Stress auflösen und die Einflüsse negativer Gedanken auf die Muskulatur verschwinden.

Wingwave® dient der Stressregulation, stärkt und stabilisiert die eigenen Ressourcen und die innere Balance. Unter anderem basiert die Methode auf Erkenntnissen der

Gehirnforschung. Die Methode vereint drei Verfahren: die Stimulation beider Gehirnhälften durch wache REM-Phasen, d.h. schnelle Augenbewegungen, auch auditive oder taktile Links-rechts-Impulse durch Berühren; Neurolinguistisches Programmieren sowie den Myostatiktest.[13]

Change it, love it or leave it!

Stressoren gehören unweigerlich zu unserem Alltag. Lassen sich Stressoren weder verändern noch vermeiden, so hilft es, sie neu zu bewerten. Bei näherer Betrachtung lässt sich in einer vermeintlich überfordernden Situation auch eine Chance erkennen. Akzeptieren Sie eine unveränderbare Situation und verändern stattdessen Ihre Haltung dazu, nehmen Sie diese nicht mehr nur als reinen Stress wahr, sondern vielleicht als Problemstellung, zu dessen Lösung Sie selbst beitragen können – frei nach Henry Fords bekanntem Motto: love it – leave it – change it.

13 Heimsoeth, Antje in: Buchenau, Peter (Hrsg.), „Chefsache Prävention. Wie Prävention zum unternehmerischen Erfolgsfaktor wird", Springer Gabler, 2014, S. 94

change it
love it
leave it

Mentale Stärke trainieren

Eigentlich war er gut vorbereitet, hatte lange an der Präsentation gefeilt. Als der Vertriebsleiter sich vor die Runde stellte, um der Geschäftsführung und 30 Mitarbeitern sein neues Konzept vorstellen, schien dem Triumph nichts mehr im Wege zu stehen. Doch er war nervös, sah vor allem kritische Blicke und Stirnrunzeln im Plenum, konnte schlecht mit Zwischenfragen umgehen. Je bewusster ihm seine Unsicherheit wurde, desto fahriger wurde er. Als er seinen Vortrag beendete, musste er feststellen, dass seine Performance alles andere als ein Triumph war.

Das Phänomen, trotz bester Vorbereitung nicht in der Lage zu sein, dann, wenn es darauf ankommt, sein Bestes zu zeigen, kennen auch Spitzensportler. Die Schwimmweltmeisterin und Olympiasiegerin Britta Steffen litt lange unter dem Phänomen, im Training Bestzeiten zu erzielen und im Wettkampf zu versagen. Mit Hilfe einer Psychologin und der Anwendung verschiedener Mentaltechniken gelang es ihr, innere Blockaden zu lösen. Ihre Erfolge wurden konstant. Dazu sagte Steffen selbst in einem Interview: „Zwar bin ich zum Beispiel vor Prüfungssituationen immer noch hypernervös. Aber jetzt stehe ich da vorne und mache mein Ding. Ich bekomme von vielen Seiten das Feedback, sehr souverän zu wirken, sehr authentisch zu sein.“ [14]

Was können wir von erfolgreichen Spitzensportlern lernen? Vertrauen in die eigenen Fähigkeiten, Selbstsicherheit, Zielklarheit, Kontrolle der Emotionen, Gedankenhygiene, Engagement, Disziplin, Kampfkraft, Lernen aus Niederlagen, Mut, Ausdauer, Beharrlichkeit, Leidenschaft und Begeisterung, das berühmte Feuer in den Augen. Dabei zapfen erfolgreiche Spitzensportler und Trainer eine mentale Kraftquelle an, auf die auch Sie Zugriff haben: Das Vertrauen in die eigene Leistungsfähigkeit und der Glaube an die

---

14 Interview mit Britta Steffen, „Ich hatte wahnsinnig Angst“, von Thomas Hummel , Süddeutsche.de, 17.5.2010

eigenen Fähigkeiten und an sich selbst. Wenn Sie das verinnerlichen, versetzen Sie sich den entscheidenden Schub. Für den Anfang reichen bereits wenige Übungen. Wichtig ist es, sie konsequent zu praktizieren.

Entspannung und Regeneration

Niemand, auch nicht der besttrainierte Spitzensportler, ist in der Lage, permanent Höchstleistungen zu bringen. Wer zu Spitzenleistungen fähig sein will, muss sich zwischendurch Phasen der Entspannung und Regeneration gönnen. Jeder Athlet hat nach dem Wettkampf eine Regenerationsphase. Das gilt auch für Sie – ebenso während IhresTagesgeschäftes wie in Form von Urlauben.

In seinem Buch 'Die Disziplin des Erfolgs' schreibt Jim Loehr[15], Pionier der Sportpsychologie: „Nicht Zeit, sondern Energie ist die Kardinalwährung der Höchstleistung" und „Führungspersönlichkeiten sind die Sachwalter der Energie – in Unternehmen, in Organisationen und sogar in Familien. Sie inspirieren oder demoralisieren andere durch die Art, wie sie mit ihrer eigenen Energie umgehen, und dadurch, wie gut sie es verstehen, die kollektive Energie der von ihnen Geführten zu mobilisieren, zu fokussieren, zu investieren und zu erneuern."

Entspannung ist wohl die beste Stress-Prävention und erste Maßnahme, um Stress abzubauen. Was genau die richtige Entspannung für Körper, Geist und Seele ist, darüber herrschen viele Missverständnisse: Laut einer Umfrage der DAK halten 93% der Deutschen einen Ausgleich für wichtig. Aber die Befragten gaben als Entspannungshilfen Gesprä-

---

15 Tony Schwartz, Jim Loehr (2003), Die Disziplin des Erfolgs: Von Spitzensportlern lernen - Energie richtig managen, Econ, München, S. 12

che, Lesen, Fernsehen (78%) gefolgt von einem Glas Wein oder Bier (47%, mehr davon Männer) an und nur 27% (am meisten die Frauen) Yoga oder autogenes Training. Aus den USA kommt aktuell die Nachricht, dass Führungskräfte zum Stressabbau am Arbeitsplatz bis zu einer Stunde am Tag am PC spielen.

Als Mental Coach habe ich dazu eine klare Meinung und sie wird unterstützt durch wissenschaftliche Erkenntnisse, zum Beispiel der Neurobiologie: Fernsehen und Computerspiele entspannen den Geist keineswegs. Wir umgeben uns dabei lediglich mit einer neuen Flut an visuellen und auditiven Reizen. Unser Gehirn ist also ständig hoch aktiv, auch wenn wir meinen, gerade 'nichts zu tun'. Schlafen wir beim Fernsehen ein, wird das Unterbewusstsein weiter mit Eindrücken berieselt – oft auch noch mit negativen aus Thrillern, Nachrichten, Katastrophenmeldungen.

Mental – Bewegung – Ernährung

Zeit für Entspannung, regelmäßige Bewegung und bewusste Ernährung sollten Teil Ihres täglichen Lebens sein oder werden. Wer den Herausforderungen als Führungskraft erfolgreich begegnen will, muss geistig UND körperlich fit sein. So, wie Sie Energie verbrauchen, müssen sie diese auch wieder gewinnen.

Um den Kopf frei zu bekommen, genügen ein täglicher Spaziergang (in der Mittagspause), meditatives Joggen, Entspannungsübungen, Bewegung, zehn Minuten Ruhe bei einer Tasse Tee, Tagträumen, Faulenzen, Ausflüge mit der Familie oder Freunden, Musik oder ein gutes Buch. Sport, vor allem sanftes Ausdauertraining, sowie Bewegungsformen wie Yoga, Tai Chi oder Qi Gong tragen wesentlich zu

Entspannung bei. Am wichtigsten ist Regelmäßigkeit und dazu feste Auszeiten im Alltag: Das kann ein wöchentlicher Saunabesuch sein oder ein täglicher 'Powerschlaf' zur Regeneration.

Wie für (fast) alles gilt auch beim Entspannen: es will gelernt sein, um zu wirken und das erfordert Üben und das konkrete Ziel, bewusst etwas für seine Gesundheit zu tun.

Aus Niederlagen und Misserfolgen lernen

Eine von 19 Lebensweisheiten des Dalai Lama lautet „Wenn du verlierst, verliere nicht den Lerneffekt." Misserfolg ist der 'engste' Freund des Erfolgs. Die amerikanische Basketball-Legende Michael Jordan sagte zu der Rolle des Misserfolgs in seiner sportlichen Laufbahn: „In meiner Karriere habe ich mehr als 9.000 Würfe verfehlt. Ich habe fast 300 Spiele verloren. 26 Mal wurde mir der spielentscheidende Wurf anvertraut und ich habe nicht getroffen. Ich habe immer und immer wieder versagt in meinem Leben. Deshalb bin ich erfolgreich." Michael Jordan hat aus jedem einzelnen Fehler gelernt und es hat ihn motiviert, es das nächste Mal besser zu machen. Misserfolge begriff Jordan als Chancen zur Verbesserung und nicht als Beweis seiner Unfähigkeit.

KEINE MACHT DER ABWÄRTSSPIRALE!

Wenn Sie Ihre Rückschläge und Enttäuschungen über Ihre Leistung nicht verarbeiten, leisten Sie einer negativen Entwicklung Vorschub. Zurück bleibt dann das Gefühl, nichts wert zu sein. Das impliziert geringes Selbstvertrauen. Daraus resultieren Angst, Stress und Unbehagen. Sie führen zu einer Blockade und damit zu neuen schlechten Leistungen. Das erneute Versagen sorgt für ein noch geringeres Selbstvertrauen – und so dreht sich die Spirale der Selbstkritik immer weiter abwärts.

Je positiver Sie – auch nach einer Niederlage – eingestellt sind, desto angstfreier gehen Sie auch Ihre nächste Herausforderung an. Und das führt zu positivem Feedback und guten Leistungen. Erreichen Sie dadurch das nächste Mal Ihre gesteckten Ziele, wächst Ihr Selbstvertrauen weiter. Und beim übernächsten Mal sind Ihre Ergebnisse noch besser.

„Das Gefühl des Versagens
ist das Tor zum höchsten Erfolg."

Alan Goldberg

Zu Ihren Aufgaben als Führungskraft gehört auch der Umgang mit den Fehlern Ihres Teams. Die Art und Weise, wie Sie auf Versagen reagieren ist der Schlüssel zur Motivation Ihrer Mitarbeiter. Der US-Sportpsychologe Alan Goldberg rät, gescheiterte Aufgaben als Gelegenheit zu nutzen, um Ihren Mitarbeitern Feedback zu geben, wie sie sich verbessern können. Das motiviert Ihr Team zu neuer Anstrengung.

Niemandem ist damit geholfen, wenn Sie Ihre Mitarbeiter für unfähig erklären und nur Ihrer Enttäuschung Luft machen. Bestrafen oder erniedrigen Sie Ihre Mitarbeiter, machen Sie, so Goldberg, übervorsichtige Versager aus ihnen, die zudem jeglichen Respekt vor Ihnen verlieren werden.[16]

16 Goldberg, Dr. Alan, "Playing Out of Your Mind: A Soccer Player and Coaches Guide to Developing Mental Toughness", Reedswain, 1997, S. 70

Die folgende Übung können Sie ebenso für die Verarbeitung von Misserfolgen des Teams wie für eigene anwenden.

Abhaken!

Wenn Sie eine schlechte Präsentation oder eine für Sie ungünstig verlaufene Verhandlung zügig verarbeiten und sogar eine Lernerfahrung daraus ziehen möchten, dann sollten Sie möglichst schnell Abstand dazu gewinnen.
Das 'Abhaken' können Sie allein oder in Gegenwart einer Vertrauensperson tun. Sie dürfen offen enttäuscht sein und Ihren Gefühlen freien Lauf lassen.

Danach sollten Sie eine Aktivität wählen, die Ihnen Erleichterung verschafft – sei es ein langer Spaziergang, eine Joggingrunde oder das Boxen am Sandsack. Die körperliche Aktivität hilft Ihnen, sich geistig nicht länger im Hamsterrad des Misserfolgs zu bewegen. Wenn Ihr Kopf wieder 'frei' ist, widmen Sie sich der Analyse Ihres Misserfolgs. Was können Faktoren für die schlechte Präsentation oder die ungünstige Verhandlung gewesen sein? Was lief gut, welche Stärken kamen zum Tragen? Was lief nicht gut? Wo sind Sie in alte Gewohnheitsmuster zurückgefallen? Was lässt sich beim nächsten Mal verbessern? Wie haben Sie sich in der betreffenden Situation erlebt?

Wenn Ihre Analyse abgeschlossen ist, richten Sie den Blick nach vorne: Wann und wo gibt es wieder eine Gelegenheit, bei der ich es besser machen kann? Die Reflexion und systematische Auswertung der Erfahrungen und Handlungen während Ihres Misserfolgs sind für den effektiven Lernprozess, das optimistische Herangehen an die Arbeit, konstante Fortschritte sowie die persönliche Weiterentwicklung unabdingbare Voraussetzung. Die Auswertung ist ein lohnender und notwendiger Schritt, der jede Vorbereitung und jeden Auftritt erst vervollständigt – nicht nur bei Misserfolgen.

Dankbarkeit

„Es gibt in der Welt selten ein schöneres Übermaß als das in der Dankbarkeit."

Jean de La Bruyère

Führen Sie ein Dankbarkeitstagebuch: Setzen Sie sich täglich – am besten abends – in Ruhe hin und notieren Sie Ihre Gedanken ins Dankbarkeits-Tagebuch.

In Ihrem 'Tagebuch' halten Sie all die schönen, kleinen wie großen, besonderen Dinge und Ereignisse des Tages fest – mindestens fünf Dinge pro Tag. Sie widmen sich dem Guten und den angenehmen Dingen in Ihrem Leben, Dinge, für die Sie dankbar sind oder die Ihnen Freude gemacht haben. Hier halten Sie die Namen von Menschen fest, die heute positiv auf Sie eingewirkt haben. Der Fokus wird aufs Wesentliche und Positive gelenkt, Selbst-Bewusstsein und Selbst-Wert werden gestärkt.

Mein Leben hat sich durch das Führen des Dankbarkeitstagebuchs definitiv verändert. Ich bin zuversichtlicher, ja glücklich, geworden und schlafe oft darüber ein.

Kein Platz ist im Dankbarkeits-Tagebuch für Zweifel, Sorgen, Nöte, Grübeleien, einschränkende Gedanken. Der Psychologe und Motivationsforscher Mihaly Csikszentmihalyi rät dazu, sich abends auf drei Dinge zu besinnen, die am Tag gut gelaufen sind. Glück ist für ihn die Summe guter Momente, denen wir jeden Tag Aufmerksamkeit schenken. Unaufmerksamkeit sei deshalb der schnellste Weg ins Unglück, so der Wissenschaftler. „Menschen, die mit dem Schicksal hadern, richten ihre Aufmerksamkeit auf das, was sie unzufrieden macht. Die Glücklichen hingegen haben ihren Blick trainiert für Dinge, die erfreulich sind." [17]

„Dankbarkeit ist der schnellste Weg zum Glück."

Barry Neil Kaufman

17 aus Csikszentmihalyi, Mihaly, "Flow: Das Geheimnis des Glücks", Klett-Cotta, 16. Auflg. 2013

DANKBARKEIT
ICH BIN DANKBAR DAFÜR, DASS ES DICH GIBT.
...KANN EIN LEBEN VERÄNDERN
www.diacontdesign.de

Rituale

Ein Ritual (lat. ritualis, 'den Ritus betreffend', 'zum religiösen Brauch gehörend') ist eine nach festen Regeln ablaufende, gleichbleibende Handlung bzw. ein Vorgehen mit Symbolgehalt.

Rituale sind eine ganz wichtige psychische Komponente, um innere Stabilität zu behalten. Rituale strukturieren und ordnen Abläufe unseres Lebens und sie bieten uns die Möglichkeit, Sicherheit, Ruhe und Geborgenheit zu finden. Sie geben uns Kraft.

Der Göttinger Hirnforscher Gerald Hüther hat die Rolle von Ritualen untersucht und kommt zu dem Schluss, dass sie eine Bewältigungsstrategie darstellen, die in Stresssituationen Momente des Innehaltens und der Ruhe bieten.
In stressigen und ungewohnten Situationen werden von den Nervenzellen unkontrolliert Reize weitergegeben. Die Hände zittern, die Knie werden weich und der Atem stockt.
In solchen Momenten können Rituale die Nervenzellen synchronisieren und dazu beitragen, dass die Informationen wieder geregelt fließen. Für diesen Effekt ist es wichtig, dass Sie sich Ihrer ritualisierten Handlung bewusst sind. Nur dann kann Ihre Tätigkeit die neuronalen Prozesse im Gehirn positiv beeinflussen. Bewusste Rituale lenken den Blick nach innen. Sie bewirken, dass Sie für einen Moment ganz bei sich sind.[18]

Beinahe in jeder Sportart können Sie Rituale vor dem Start beobachten, zum Beispiel beim Skispringen vor jedem Sprung, im Reit- und Skisport, in der Leichtathletik vor jedem Wettbewerb, im Tennis vor dem Aufschlag oder im Basketball vor dem Freiwurf.

---

18 „Die Macht der Rituale", Hrsg. Akademie Gesundes Leben Stiftung Reformhaus-Fachakademie, http://www.akademie-gesundes-leben.de/aktuelles/gesund_leben.php#Rituale

„Ich fange jedes Match
mit einem neuen, original verpackten Hemd an
und trage immer dasselbe Amulett um den Hals,
das ich als Glücksbringer bekommen habe."

Nicolas Kiefer

Vor wichtigen Ballwechseln tickt er die Linie mit seinem Schläger kurz an.[19] *Tiger Woods trägt in einer Finalrunde traditionell die Farbe Rot.*[20]

---

19 http://www.focus.de/sport/tennis/nicolas-kiefer_aid_103954.html BLV Buchverlag, Auflage: 3, München, 2006, S. 239

20 Tiger Woods, Alexander Kölbing. Tiger Woods: So spiele ich!. blv Buchverlag, München, 2006, S. 239

Aber bitte imitieren Sie kein Ritual. Sie kennen die wichtigen inneren Effekte des Rituals auf den Menschen, von dem Sie das Ritual kopieren möchten, nicht. Jeder hat seine individuellen 'Marotten'. Entwickeln Sie daher exklusiv für sich ein EIGENES Ritual, mit dem Sie sich wohl fühlen. Wichtig: „Das Schöne an den Ritualen ist, dass man nicht an sie glauben muss, man muss sie einfach nur machen", sagt der Indologe Axel Michaels, Professor an der Universität Heidelberg.[21]

Hier ein Beispiel aus dem Business: Herr Müller – als Führungskraft trägt er Verantwortung für 20 Mitarbeiter – kommt ins Coaching zu mir, weil er gestresst ist und nicht mehr mit den ständigen Spitzenzeiten zurechtkommt. Seinem Chef hat er bereits gesagt, dass er nicht mehr könne und unter Schlaflosigkeit leide. Sein Selbstvertrauen ist unter anderem deswegen stark erschüttert, weil er als Kind wegen seiner Brille stark gehänselt worden ist. Er hat als Kind gelernt, nicht aufzufallen. Aufgrund seiner Unsicherheit akzeptieren ihn seine Mitarbeiter nicht als Vorgesetzten. Sein geringes Selbstbewusstsein versucht er mit enormer Pflichterfüllung zu kompensieren, mit einem hohen Arbeitspensum und Schnelligkeit. Die Anerkennung seiner Vorgesetzten ist ihm wichtig. Ihm fiel es schwer, sich abzugrenzen.

Mit einem ganz persönlichen Arbeitstagesabschluss-Ritual kann Herr Müller ab sofort sicher stellen, die Arbeit nicht mit nach Hause zu nehmen: Vor Feierabend erkundigt er sich kurz bei den Teamleitern, was war, ob alles okay ist. In seinem Büro notiert er, was morgen zu erledigen ist (Erledigungsliste). Er fährt den Rechner runter, räumt seinen Schreibtisch auf und klopft auf den Tisch. Beim Rausgehen verabschiedet er sich von allen, denen er begegnet. Er

21 http://www.zeit.de/zeit-wissen/2006/06/06_Rituale.xml/seite-4

steigt auf sein Fahrrad. Mit Verlassen des Firmengeländes spricht er mit niemand mehr über Dienstliches, auch wenn er noch einen Kollegen treffen sollte.

Den Weg nach Hause nutzt er bewusst zum weiteren aktiven Abschalten. Am Ortschild auf dem Heimweg bleibt er kurz stehen und reflektiert seine Gedanken: Denkt er gerade noch an die Arbeit? Wenn ja, setzt er den weiter oben beschriebenen 'Gedankenstopp' ein. Zu Hause tauscht er seine Dienstkleidung gegen den Freizeitdress, nimmt eine Dusche, taucht so förmlich ins Privat- und Freizeitleben ein. Er macht beispielsweise erst mal zehn Minuten Musik und unterhält sich mit seiner Frau und den Kindern. Das gemeinsame Abendessen ist der Höhepunkt seines Feierabends. Er sieht nur noch sehr selten fern, sondern liest stattdessen oder spricht mit seiner Frau. Morgens geht er wieder joggen, wie er es früher auch schon getan hat.

Übung

- Welche Rituale gibt es in Ihrem Leben?

- Welches Arbeitstagesabschluss-Ritual könnte Ihnen den Übergang von der Arbeit ins Privat- und Freizeitleben erleichtern?

- Wie könnten Sie 'runterfahren'?

- Welche Rituale haben Sie im Laufe der Zeit unter den Tisch fallen lassen, könnten Sie aber wieder zum Leben erwecken?

Konzentration

- Worauf konzentrieren Sie sich bei schwierigen Aufgaben bzw. unter Druck?
- Können Sie Ihre Aufmerksamkeit bewusst auf spezifische Sachen lenken?
- In welchen Situationen lassen Sie sich leicht ablenken?

Und was genau bedeutet Konzentrationsfähigkeit? – „Sich auf das Wesentliche zu richten, auf das Gegenwärtige und dabei bis auf die unterstützenden, alle inneren und äußeren Einflüsse auszublenden, das ist Konzentration. Man ist auf das Ziel und die optimale Handlung ausgerichtet."[22] Leichter gesagt als getan. Die Konzentration hängt ab von Ihrer Stimmung, der Sache, Ihrer psychischen Verfassung, Ihrem Können, Ihrer Umgebung und Ihrer Motivation. Konzentrationsfähigkeit kann gelernt werden.

Die Konzentrationsfähigkeit betrifft sowohl die äußeren Sinne (Hören, Sehen, Tasten), die inneren Sinne (Tastsinn, Gleichgewichtssinn, Bewegungssinn) bzw. die Steuerung der eigenen (unangepassten) einströmenden Gedanken, Gefühle (Ärger mit Kollegen oder Mitarbeitern), Druck, äußeren Einflüsse, diverser Erwartungshaltungen, Anspannungen und Vorstellungen.

„Tue, was du tust!" Dieser Satz aus dem Chinesischen birgt das Geheimnis aller Konzentrationsübungen. Lassen Sie sich in Ihrem Tun nicht unterbrechen – weder durchs Telefonklingeln noch durch Gespräche oder Geräusche in Ihrem Umfeld. Fokussieren Sie sich mit allen Sinnen auf die Gegenwart, das JETZT. Denn eines ist sicher: Das Einzige, was Sie wirklich beeinflussen können, ist die Gegenwart.

---

22 Eberspächer, Hans, Gut sein, wenn's drauf ankommt. Von Top-Leistern lernen", 3. Aufl., Hanser, München, 2011, S. 142

Ab in den Tunnel!

Spitzensportler müssen unter größter psychischer Anspannung Höchstleistungen liefern und können sich im entscheidenden Moment keinerlei Ablenkung von ihrem Ziel erlauben. Wie gelingt ihnen diese Konzentration auf den Punkt – trotz Publikum, dem Agieren der Konkurrenten, dem Punktestand und all der anderen Faktoren, die in einer Wettkampfsituation zum Umfeld gehören?

Eine Hürdenläuferin beschreibt ihre Technik so: „Ich nehme zur Konzentration als Denkhilfe die Vorstellung, dass ich in einen Tunnel laufe. Alles, was außerhalb des Tunnels passiert, kriege ich nicht mit. Welche Konkurrenz läuft oder was die anderen machen beim Einlaufen oder ob ein Reporter da ist oder sonst etwas, interessiert mich nicht, weil ich das in meinem Tunnel nicht mitbekomme."[23]

Fazit: Wer im Tunnel ist, bekommt weder negative Ereignisse oder Zwischenrufe noch irgendwelche anderen Störungen mit – hier herrscht totale Konzentration auf sich und die jetzt abzuliefernde Leistung.

---

23 Eberspächer, Hans, „Gut sein, wenn's drauf ankommt. Von Top-Leistern lernen.", 3. Auflg., Hanser, München, 2011, S. 142

jetzt

Steuerung durch Selbstinstruktionen

Ihre persönliche Leistungsstärke setzt sich aus verschiedenen Komponenten zusammen: Stärken und Schwächen, Körper und Hirn, Selbstregulation, Regeneration, Visualisierungskraft sowie Zielen und Motivatoren. Während einer Präsentation oder in einem Bewerbungsgespräch haben Sie keine Möglichkeit, eine mangelhafte Selbstdarstellung zu korrigieren. Doch je stärker Sie mental und emotional gefestigt sind, desto weniger verspüren Sie Ängste und Selbstzweifel auf dem Weg zu Ihren Zielen oder in einer entsprechenden Situation – auch unter widrigen Umständen – und umso besser können Sie hohen, ja außerordentlichen Anforderungen begegnen. Dazu gehört eine tief empfundene Überzeugung von den eigenen Fähigkeiten und Fertigkeiten. Seien Sie überzeugt, die optimale Leistung zum geforderten Zeitpunkt abrufen zu können.

Setzen Sie in Situationen, in denen es auf Ihre Leistung 'just in time' ankommt, Ihrem eigenen Perfektionismus den Optimismus entgegen. Es dürfen Fehler passieren, auch Ihnen! Pushen Sie sich selbst in eine positive Grundhaltung, indem Sie sich sagen: „Ich freue mich auf die Präsentation. Ich freue mich, hier zu sein." Suchen Sie sich zur Unterstützung dieser Haltung im Plenum nickende und lächelnde Mitarbeiter und Kollegen, die Sie anvisieren und meiden Sie ernste oder gar grimmige Gesichter, die Sie aus dem Konzept bringen könnten, also Ihre Konzentration stören würden.

Der Psychologe Hans Eberspächer sagt: „Eine Person, der es schließlich gelingt, sich [mit Selbstgesprächen] dahingehend zu regulieren, dass sie erfolgszuversichtlich und leistungsbereit 'durchhalten' kann, verfügt über die grundlegende Fertigkeit, psychische Beanspruchungssituationen zu bewältigen."[24] Halten Sie für Momente höchster Beanspruchung Affirmationen bereit, die Ihre Konzentration auf das 'Hier und Jetzt' richten. Einfache, kurze Sätze wie „Tief atmen!" oder nur Signalworte wie „Fokus!" oder „Läch-

24 Eberspächer, Hans, „Mentales Training. Ein Handbuch für Trainer und Sportler", sportinform, München, 1995, S. 26

le!" helfen Ihnen, in kritischen Situationen konzentriert zu bleiben. Benutzen Sie auch für diese Affirmationen externe mobile Erinnerungshilfen wie das Hintergrundbild Ihres Smartphones, ein Powerbalance-Armband oder schlicht einen Smiley, der auf Ihrem Laptop klebt. Damit schaffen Sie einen Anker, der Sie daran erinnert, sich aufs Wesentliche zu fokussieren.

Übung: Das mentale Wohnzimmer

Dieses Ritual kommt aus dem Golfsport und eignet sich sehr gut für Situationen im Berufsleben. Gelingt z.B. im Golf etwa ein Schlag nicht so wie geplant und der Golfspieler ärgert sich sehr darüber, kann er im Geiste um den Ball herum – da, wo dieser gerade zum Liegen gekommen ist – einen Radius von ca. einem Meter Durchmesser ziehen. Das ist sein 'mentales Wohnzimmer'. Innerhalb dieses Kreises darf er seinem Ärger Ausdruck geben, mit dem Fuß aufstampfen oder die Faust ballen. Und er analysiert kurz, was passiert ist. Beim Verlassen des 'mentalen Wohnzimmers' jedoch kommt der Golfspieler wieder in die Gegenwart zurück, denn das Schimpfen und Analysieren bezieht sich bereits auf ein Ereignis in der Vergangenheit, selbst wenn der Schlag nur wenige Sekunden her ist. Beim Heraustreten aus dem 'mentalen Wohnzimmer' konzentriert er sich wieder auf die Atmung, denn sie bringt ihn ins Hier und Jetzt, oder in die Natur.

Wenn der Golfer einem verlorenen Ball nachtrauert, über 'wenn' und 'aber', 'was passiert, wenn' grübelt, an den möglichen Score (Ergebnis der Golfrunde) und den Gewinn des Turniers denkt, zu lange über einen Termin im Büro oder über Unerledigtes nachgrübelt, läuft er Gefahr, seine Konzentration zu verlieren, seine Potentiale zu blockieren,

Fehler zu machen und im Turnier abzufallen. Wenn er Angst hat, ist er gedanklich in der Zukunft oder er befürchtet, dass seine Vergangenheit wieder zur Gegenwart werden könnte. Wenn es ihm allerdings gelingt, im 'Hier und Jetzt' zu bleiben, reduzieren sich seine 'Horrorphantasien' und seine Ängstlichkeit beträchtlich und er empfindet keine Angst mehr.

Steht im Beruf etwa ein wichtiges Meeting an, und Sie ärgern sich gerade noch über ein Ereignis, etwa einen Telefonanruf oder eine E-Mail, können Sie dieses Ritual anwenden: So kann die Türschwelle des Büros die Linie sein, ab der Sie beschließen, den Ärger im Raum zurück zu lassen. Den Flur nutzen Sie dazu, sich in einen positiven Zustand zu bringen, z.B. mit Atemfokussierung, Erfolgsvisualisierung (Sie erinnern sich an ein erfolgreiches Handeln in einer ähnlichen Engpasssituation und stellen sich diese vor), positiven Gedanken, Affirmationen oder einer Bewegung (ein Teilnehmer aus Russland erzählte mir in einem Workshop, dass er immer einen Luftsprung vor der Tür mache). So ist Ihr Kopf frei von negativen Emotionen und Sie können sich auf die neue Aufgabe und das Meeting konzentrieren.[25]

---

25 Heimsoeth, Antje in: Buchenau, Peter (Hrsg.), „Chefsache Prävention. Wie Prävention zum unternehmerischen Erfolgsfaktor wird", Springer Gabler, Wiesbaden, 2014, S 91-92

Die Macht positiver Bilder

„Ich schlage nie einen Ball, selbst nicht beim Training, ohne ein sehr scharfes und klares Bild von dem Schlag in meinem Kopf zu haben", sagt der amerikanische Profi-Golfer und Sportpsychologe Peter Terry[26]. So, wie Golfer ihre Technik mit der Visualisierung erfolgreicher Abschläge verbessern, können Sie auch in beruflicher Hinsicht die Macht positiver Bilder für sich nutzen. Steigen Sie in Ihrem Kopfkino zum Abteilungsleiter auf, schütteln Ihren Gratulanten strahlend die Hände. Halten Sie vor dem inneren Auge begeisternde Präsentationen. Es funktioniert: Visualisierungstraining 'arbeitet' nach dem Prinzip der selbsterfüllenden Prophezeiung. Zweifel, Stress und Ängste reduzieren sich, positive Gefühle werden in Gang gesetzt, die Konzentration auf das Ziel steigt.

Spitzensportler visualisieren vorab Bewegungsabläufe, um sie im Moment der Realisation optimal zu vollziehen. Wenn z. B. Fabian Hambüchen am Reck steht, sammelt er sich noch einmal kurz. Vor seinem inneren Auge läuft in diesem Moment ein kleiner Film mit einem besonders schwierigen Übungsteil ab. Und dann geht es los. „Sowie meine Finger das Metall der Stange berühren, explodiere ich", sagt der Weltmeister.[27]

Im 'Kopfkino' stellen Sie sich eine Situation, zum Beispiel die Präsentation vor einem Kunden, lebendig und so erfolgreich wie möglich vor. Sie entspannen sich in einem ruhigen Raum und erleben Ihr Ziel, beschreiben innerlich die grandios verlaufende Präsentation lebendig und emotional, am Ende steht der Auftrag und die Feier mit dem Team. Spüren Sie körperlich und mental, wie gut sich diese Situation anfühlt. Visualisiert werden kann alles. Möglicherweise ist der Kunde beim Termin schlecht gelaunt oder verschiebt ihn kurzerhand um zwei Stunden nach hinten. Wie Sie in so einem Fall gelassen bleiben, auch das durchdenken Sie

---

26 Terry, Peter, „Mental zum Sieg", BLV, München, 1994

27 Klimmer, Marion, „So coachen sich die Besten. Persönliche Höchstleistungen erzielen." Redline, München, 2012. S. 134

vorab. Das Ziel: Mit der Kraft der Vorstellung Situationen optimal zu meistern und die beste Leistung abrufen zu können.

Es gibt zahlreiche Situationen, die sich so trainieren lassen, etwa die nächste Verhandlung oder Rede. Dabei gilt es, realistisch zu bleiben und Widrigkeiten zu berücksichtigen wie ein schwieriger Verhandlungspartner oder ein ungeduldiger Zuhörer. Beziehen Sie alle Sinneskanäle mit ein – je realistischer Sie sich die Situation vorstellen, umso effektiver lässt sich die Visualisierung nutzen. Erleben Sie Ihren inneren Film nicht nur visuell und akustisch, sondern auch kinästhetisch (mit Muskelempfindungen), olfaktorisch und gustatorisch.

Übung: Der imaginäre Raum

Um sich trotz äußerer Störungen, z. B. durch Lärm, Telefonklingeln, Hektik oder Gespräche, besser konzentrieren zu können, schirmen Sie sich vorübergehend von Ihrer Umwelt ab. Das gelingt Ihnen mittels Visualisierung, also Ihrer geistigen Vorstellungskraft. Stellen Sie sich einen Motorradhelm, Lärmschutzkopfhörer ('Mickymäuse'), Ohrenstöpsel oder z. B. eine Blase vor, die Ihren Kopf teilweise umschließt. Nehmen Sie in Gedanken Ihre 'Schutzblase' voll und ganz wahr. Hören Sie die Stimmen von außen, spüren Sie Gefühle und Informationen, die von außen auf Sie einwirken.

Bilder wie die 'Schutzblase' wirken, da das Gehirn ohnehin Abstraktes durch Konkretes codiert. Die durchsichtige Haut der Blase bildet die Trennwand zu negativen Affekten, auch belastende Gefühle prallen an ihr ab. Füllen Sie die Blase mit der Atmosphäre, die Sie brauchen, um konzentriert zu arbeiten. Welches Bild als imaginärer Raum für Sie passend ist, bestimmen Sie. Sie können sich auch mittels einer visuellen Käseglocke abschotten oder in ein gläsernes Ei schlüpfen. Finden Sie heraus, welches Bild am besten zu Ihren Bedürfnissen passt.

Stärkenorientierte Führung

Wie bereits zu Beginn dieses Buchbeitrages erwähnt, hängen Selbstführung und Führung anderer Menschen stark von der Persönlichkeit der Führungskraft ab. Wer sich seinen Stärken zuwendet und sich ihrer bewusst ist, geht selbstsicher und selbstbewusst durchs Leben, steigert seinen Selbstwert und geht mental gestärkt an Herausforderungen heran. Selbstachtung und Selbstwert haben nichts mit Perfektion oder mit Vermeidung von Fehlern zu tun. Sehr häufig ist Mitarbeiterführung und Personalentwicklung darauf angelegt, nach Schwächen zu suchen und diese zu beheben und Fehler zu reduzieren. Vorhandene Stärken hingegen werden als selbstverständlich betrachtet.

Viele Führungskräfte beklagen sich über demotivierte Mitarbeiter. Für mich ist dies auch eine Konsequenz des in den Vordergrund-Stellens von Schwächen und Misserfolgen, ob seitens der Führungskraft oder durch den Mitarbeiter selbst. Wann haben Sie zuletzt Erfolge eines Mitarbeiters in einem Einzelgespräch hervorgehoben? Wann hatten Sie ein aufmunterndes Wort übrig für einen Mitarbeiter, der gute Arbeit geleistet hat?

Wer nicht die Gelegenheit hat, seine Stärken auszuspielen, erntet auch kein positives Feedback für seine Leistungen. Damit bleiben Erfolgserlebnisse aus, die Motivation sinkt. Wer wenig motiviert ist, engagiert sich auch nicht mehr. Das bedeutet, der Output Ihres Teams verschlechtert sich, das Unternehmen fährt weniger Gewinn ein. Damit verfehlen auch Sie Ihr Leistungsziel.

Studien zufolge reduzieren mitarbeiter- und mitwirkungsorientierte Führungsstile Belastungen und Fehlzeiten. Dagegen lässt ein autoritärer Führungsstil, der sich nur an der Aufgabe orientiert und Mitarbeiter- und Mitwirkungsorientierung unberücksichtigt lässt, die Fehlzeiten ansteigen. Um Über- bzw. Unterforderung vorzubeugen, empfiehlt es sich, Beschäftigte immer gemäß ihren Voraussetzungen und

Qualifikationen einzusetzen.[28]

Erkennen Sie als Führungskraft die Stärken Ihres Teams und fördern Sie diese. Nicht vergessen: die Jobs und Aufgaben den Menschen anzupassen, dann werden Höchstleistungen erzielt. Die Stärken des Einzelnen und des Teams zu erkennen und zu stärken, statt an vermeintlichen Fehlern rumzudoktern, ist ein wesentlicher Baustein mentalen Trainings. Wichtig ist, dass jeder zur Geltung bringen kann, worin er wirklich gut ist – dies fördert das Selbstvertrauen und stärkt die Stärken!

Für die künftige Arbeitswelt wird der Mensch mit seinem Wissen, seinen Erfahrungen und seinen Fähigkeiten immer wichtiger, lautet das Fazit der Initiative Neue Qualität der Arbeit (INQA). Um den Herausforderungen der Arbeitswelt zu begegnen, müssen wir verstehen, wie Menschen ihr eigenes Potenzial erkennen und voll entfalten können. Veränderungen beginnen im Kopf.[29] Und damit auch der Erfolg.

Prinzip: Stärken stärken

Auf Ihre Stärken können Sie sich verlassen. Und diese Fähigkeiten – sei es Flexibilität, Mut, Begeisterungsfähigkeit, Intuition oder zum Beispiel Ausdauer – sind es, die Sie benötigen, wenn Höchstleistungen gefragt sind. Machen Sie sich Ihre Stärken zunutze und seien Sie sich ihrer bewusst. Wenn Sie in Augenschein nehmen, über welchen Schatz an Ressourcen Sie bereits verfügen, werden Sie Herausforderungen optimistischer entgegenblicken.

28 Initiative Neue Qualität der Arbeit, INQA-Publikation 2012: „Mit Verstand und Verständnis – Mitarbeiterorientiertes Führen und soziale Unterstützung am Arbeitsplatz"

29 Vortrag Dr. Petra Bock, „Die Bedeutung von Coaching in unserer Zeit" anlässlich der Verleihung des Berliner Coachingpreises am 27.11.2013 in Berlin

Ressourcen können Erfahrungen, besondere Begabungen, Erinnerungen, Wissen, Fertigkeiten, Talente, positive Eigenschaften, individuelle Fähigkeiten und Bilder sein, die Ihnen bei einem Problem zur Verfügung stehen.

Übung: Ressourcenbaum

Beschäftigen Sie sich mit Ihren Stärken und machen Sie sich Ihre Stärken bewusst: Welche Fähigkeiten, Talente, Gaben, Kompetenzen, Ressourcen, welche tollen Anlagen und Eigenschaften haben Sie? Schreiben Sie mindestens 15 Stärken auf. Was haben Sie schon alles erreicht? Welche eigenen Erfolge konnten Sie schon feiern? Welche Charaktereigenschaften und Stärken schätzen andere an Ihnen besonders? Was ist Ihnen gut gelungen? Welche schwierigen Situationen haben Sie mit Hilfe welcher Stärken gemeistert? Finden Sie Symbole oder Bilder für Ihre Stärken und hängen Sie diese z.B. an die Wand.

Schlusswort

Das Gehirn ist ähnlich wie ein Muskel. Das Denken ist eine Aktivität Ihres 'Hirnmuskels'. Um Kondition aufzubauen, braucht es Zeit – das kennen die meisten von uns aus dem Sport. Gestehen Sie diese Zeit auch Ihren Gedanken zu. Freuen Sie sich über jede kleine Treppenstufe, die sie hinauf zur mentalen Sicherheit erklimmen. Seien Sie beim Erreichen Ihrer Ziele geduldig mit sich, aber haben Sie keine Angst vor Veränderung. Wie zu Beginn bereits erwähnt, braucht unsere Zeit Führungskräfte, die mit Veränderungen umgehen können und sich selbst ganzheitlich entwickeln wollen. Machen Sie die Gegenwart zu Ihrer Zeit. Jetzt ist der richtige Zeitpunkt, Chancen zu ergreifen und Veränderungen in Angriff zu nehmen. Damit schaffen Sie sich eine Zukunft nach Ihrem Maß. Ich wünsche viel Erfolg bei Ihrer mentalen Entdeckungsreise!

Übungen

Erfolgsregeln für persönlichen und beruflichen Erfolg

- Denke daran: »Du bist einzigartig.«
- Übernimm 100% Verantwortung für dein Leben.
- Definiere deine Ziele.
- Sei flexibel.
- Komme ins TUN und setze die kleinen Schritte um.
- Schreibe ein Dankbarkeits-| Erfolgstagebuch.
- Stärke deine Stärken.
- Habe Spaß und Freude.
- Sei dankbar und habe Respekt vor dir und anderen.
- Sei diszipliniert.
- Achte auf deine Gedanken.
- Verbessere dich und lerne ständig hinzu.
- Frage und höre aktiv zu.
- Sei du selbst!
- Liebe, was du tust!
- Mache dir klare Bilder von deinen Zielen.
- Suche dir Unterstützer.

Zielrahmen-Modell

Positiv

Ziel positiv und in der Gegenwart formulieren; einen konkreten Zeitpunkt angeben; ohne Vergleich

Oekologisch

Welche Konsequenzen entstehen für mich, wenn das Ziel erreicht ist? Welchen Preis bezahle ich dafür?

Sensorisch konkret

Erlebe, wie es ist, am Ziel zu sein. Was kannst du dann sehen, hören und spüren?

Individuell

Dein Ziel und dessen Erreichbarkeit unterliegen deiner eigenen Kontrolle.

Testbar

Woran erkennst du, dass du dein Ziel erreicht hast? Kannst du die Zielerreichung eindeutig überprüfen?

Interessant

Ist dir dieses Ziel jetzt wichtig, dass du es motiviert angehst? Ist es für deine derzeitige Situation interessant?

Visionär

Wie passt dein Ziel zu deinen Zukunftsvorstellungen? Wozu willst du dein Ziel erreichen?

Der positive Zielrahmen

I. Was möchte ich im Beruf | Leben erreichen?
Was ist mein Ziel?

II. Wie weiß ich und woran merke ich, dass ich mein Ziel erreicht habe?
"Persönliche Zufriedenheit."

III. Wann, wo, in welchem Kontext und mit wem möchte ich dies erreichen?

IV. Was wird sich dadurch in meinem Beruf | Leben verändern?
"Zusätzlich ca. ... Stunden Training täglich."

Hält mich das ab?

V. Was muss ich dafür aufgeben?
"Zeit für familiäre Begegnungen."

VI. Was hindert mich an der Erreichung meines Ziels?

VII. Muss ich mein Ziel eventuell verändern?
Wenn ja, wie lautet mein verändertes Ziel?
(Wiederholung ab Schritt Nr. II)

VIII. Was ist mein endgültiges Ziel?
Genaue Zielformulierung und | oder Symbol finden, auf einer Karte fixieren.

IX. Was ist mein wichtigster persönlicher Gewinn bei der Zielerreichung?

Langzeit- | Endziele (in ca. 2 -3 Jahren).

Langfristige Ziele hängen u.a. ab von folgenden Faktoren:

- zeitlichen Einschränkungen
- Interessen
- geeigneten Möglichkeiten
- finanziellen Möglichkeiten

Meine langfristigen Ziele

Was möchte ich in 2 -3 Jahren erreicht haben?

Stärkenstrauss

[30]

30 Bildnachweis: Kerstin Diacont

Selbstgespräche

- Wählen Sie immer positive, bejahende Formulierungen. Affirmationen streben ausschließlich einen positiven Effekt an, deshalb müssen auch die Inhalte positiv formuliert werden.
  Z.B.: Ich habe Selbstvertrauen. Ich fühle mich stark. Ich bin sehr gut vorbereitet. Ich bin wertvoll. Ich bin einzigartig. Jeder Tag ist voller Geschenke für mich.
- Bilden Sie kurze Sätze mit höchstens 10 Wörtern.
- Einfach, eingängig, leicht auszusprechen und leicht zu wiederholen.
- Formulieren Sie rhythmisch (ggf. auch lustig | originell).
- Formulieren Sie in der Gegenwartsform oder Zukunft.
  Z.B.: Ich bleibe ruhig und gelassen.
- Entwickeln Sie ein innerliches Lächeln.
- Lassen Sie die Affirmation durch ständiges Wiederholen zum Ohrwurm werden.
- Ichbezug: Verwenden Sie in Ihren Formulierungen das Wort „Ich".
- Formulieren Sie Ihre Affirmationen schriftlich auf jeweils einem eigenen Kärtchen oder Zettel. Tragen Sie ein oder mehrere dieser Kärtchen eine Zeit lang mit sich herum und lesen Sie die Sätze und Codewörter immer wieder. (‚Steter Tropfen höhlt den Stein!')
- Symbolgehalt: Affirmationen können auch positive Symbole beinhalten.
  Beispiel: „Ich stehe wie ein Fels."

Vermeiden Sie:

- Negative Formulierungen | Selbstbeschimpfungen.
- Formulierungen, die Sie vor, während oder nach misslungenen Präsentationen, Gesprächen... zu sich selbst gesagt haben und die Ihnen nicht weitergeholfen haben.

Dankbarkeitstagebuch

Eine Veränderung der inneren Haltung, Denkweisen und Überzeugungen kommt nicht über Nacht. Aber Sie können jeden Tag ein Stück dazu beitragen: Mit dem Führen besonderer Tagebücher.

Der amerikanisch-ungarische Psychologe und Motivationsforscher Mihaly Csikszentmihalyi rät dazu, sich abends auf drei Dinge zu besinnen, die am Tag gut gelaufen sind. Glück ist für Csikszentmihalyi die Summe guter Momente, denen wir jeden Tag Aufmerksamkeit schenken. Unaufmerksamkeit sei deshalb der schnellste Weg ins Unglück, so der Wissenschaftler.

Diese Übung braucht wirklich nicht viel Zeit und ich würde mich freuen, wenn Sie sich auf diese Übung einlassen könnten.

Mein Leben hat sich durch das Führen eines Dankbarkeitstagebuches definitiv verändert. Ich bin zuversichtlicher, ja glücklich geworden und schlafe oft darüber ein.

In Ihrem Dankbarkeitstagebuch halten Sie alles fest, was Ihnen tagsüber an Gutem widerfahren ist:

All die schönen, kleinen und großen, besonderen Ereignisse, das Gute in Ihrem Leben. Dinge, für die Sie dankbar sind und die Ihnen heute Freude gemacht haben. Ebenso die Namen jener Menschen, die heute positiv auf Sie eingewirkt haben. Der Fokus wird auf die angenehmen Dinge des Lebens gelenkt, Selbst-Bewusstsein und Selbst-Wert werden gestärkt. Auf lange Sicht wird Sie das glücklicher und zufriedener machen. Wenig Aufwand, große Wirkung!

Vorausgesetzt, Sie widmen sich dieser Übung wirklich

regelmäßig – und Sie benötigen täglich nur wenige Minuten dafür – dann werden Sie einen Wandel feststellen.

Überprüfen Sie, wie sich Ihr Leben nach einer gewissen Zeit durch das Führen eines Dankbarkeitstagebuchs verändert hat. Der US-amerikanische Psychologie-Professor Barry Neil Kaufman bringt es auf den Punkt: „Dankbarkeit ist der schnellste Weg zum Glück."

Nicht wenige Menschen neigen dazu, selbstkritisch mit sich umzugehen und das Augenmerk vor allem auf die eigenen Defizite zu richten. Das schenkt uns aber in herausfordernden Situationen – und solchen sind Sie als Führungskraft oft ausgesetzt – keine Kraft. Sich hingegen auf die eigenen Stärken und bereits verbuchte Erfolge zu besinnen, nutzt uns als Kraftquelle, weil es u.a. positive Gefühle freisetzt. Deshalb lohnt es auch hier, ein wenig Zeit zu investieren, um ein Erfolgstagebuch zu führen. Damit verinnerlichen Sie sich die Erfolgserlebnisse nachhaltig.

Klopfen der Thymusdrüse

Diese Übung aus der Kinesiologie verbessert den Energiefluss im Körper.

- Klopfen Sie etwa eine Minute lang mit den Fingerspitzen oder mit der Faust (sanft) auf die Thymusdrüse. Diese liegt ca. 4 Finger breit unterhalb der Halskuhle hinter dem Brustbein in der Mitte des Brustkorbs.
- Nehmen Sie zusätzlich Ihre Zunge beim Einatmen hinter die Zähne an den Gaumen.
- Klopfen Sie ruhig mehrmals am Tag darauf. Das tut einfach gut und hilft, Stress abzubauen.
- Besonders hilfreich ist das Klopfen der Thymusdrüse vor einem großen Auftritt z.B. auf der Bühne, vor einem Vortrag, einem Referat, vor einem Wettkampf oder vor anstrengenden, wichtigen oder aufregenden Gesprächen.
- Diese Übung verbessert Ihre Stimmung, trägt zur Entspannung und Lebensfreude bei, reduziert Stress und sorgt für Zentriertheit und Ausgeglichenheit.

Stirn-Hinterkopf-Halten

zum Stressabbau

- Setzen oder legen Sie sich bequem hin.
- Eine Hand mit der Innenfläche sanft und leicht auf Ihre Stirnbeinhöcker auf der Stirn zwischen den Augen und dem Haaransatz legen.
- Die andere Hand liegt mit der Innenfläche sanft auf dem Hinterkopf.
- Entspannt atmen. Wenn Sie mögen, schließen Sie Ihre Augen.
- Schauen Sie sich im Geiste die stressbeladene | belastende Situation bzw. die Situation, die Ihnen Angst | Stress macht, bildhaft an – vielleicht auf einer Leinwand.
- Versehen Sie dieses Standbild oder Foto mit einem Rahmen. Woraus ist dieser Rahmen gemacht?
  Welche Farbe hat der Rahmen?
  Ist er schlicht oder verziert?
  Glänzt der Rahmen?
  Aus welchem Material besteht der Rahmen?
  Ist der Rahmen eckig oder rund?
- Fällt Ihnen noch etwas auf?
- Gibt es einen anderen Rahmen, der besser zum Bild | Foto passen würde? Wählen Sie den schönsten Rahmen aus, den Sie sich vorstellen können!
- Wenn es einen anderen Rahmen gibt: Was wäre, wenn Sie die Form des Rahmens ändern?
  Muss er größer, kleiner, breiter, schmäler, schwerer sein? Verändern Sie die Farbe des Rahmens!
  Verändern Sie die Verzierungen!

Lassen Sie den Rahmen nüchterner oder phantasievoller aussehen!

- Kann jemand anderes den Rahmen verändern?
  Könnte er einen Rahmen machen, der Ihnen genauso gut gefällt?
  Gibt es noch mehr Details am Rahmen, die Ihnen wichtig sind?

- Spüren Sie evtl. ein feines, gleichmäßiges Pulsieren unter den Fingerspitzen?

- Tief ein- und ausatmen. Öffnen Sie Ihre Augen und nehmen Sie Ihre Hände wieder herunter.

- Die Situation verliert ihren Schrecken, der Stress wird abgebaut.

Die Stirnbeinhöcker sind Reflexpunkte des Blutsystems und energetisch mit dem Magen und dem Magenmeridian verbunden. Durch das Halten der Punkte verändern wir die Durchblutung im Gehirn: die Kampf- oder Flucht-Reaktion wird aufgehoben und das Vorderhirn wird wieder mit Energie versorgt, so dass wir wieder Wahlmöglichkeiten haben.

So ankern Sie!

Das Ankern von Gefühlszuständen besteht aus folgenden fünf Schritten:

I. Setzen Sie sich zunächst ruhig hin und entspannen Sie sich.
Atmen Sie mehrmals tief durch. Schließen Sie die Augen.
Überlegen Sie sich, welches Gefühl Sie gerne ankern würden. Holen Sie sich dieses Gefühl innerlich zurück.

Um ein Gefühl zurückzuholen, müssen Sie sich an eine Szene in Ihrem Leben erinnern, in der Sie das Gefühl schon einmal gespürt haben. Wollen Sie z.B. das Gefühl von Freude oder Gelassenheit ankern, denken Sie an eine besonders schöne Situation. Erinnern Sie sich an eine Gelegenheit, bei der Sie voller Freude oder Gelassenheit waren.

II. Nun geht es darum, dieses Gefühl in uns aufleben zu lassen und zu verstärken. Dazu können Sie sich folgende Fragen stellen:

(I) Was war das für eine Situation, in der ich mich gefreut habe?
Wo war ich, was ist geschehen, wer war dabei?

(II) Was habe ich damals gesehen, als ich mich gefreut habe?

(III) Was habe ich gehört?

(IV) Was habe ich in dieser Szene meines Lebens gedacht?

(V) Wo genau habe ich dieses Gefühl in meinem Körper gespürt?

(VI) Wie hat sich das Gefühl angefühlt?
Warm oder kalt, pulsierend, stetig oder fließend?

(VII) Wenn Sie diesem Gefühl einen Namen geben wollten, wie würden Sie es nennen?

III. Bleiben Sie kurz bei Ihrem Gefühl und genießen Sie es. Lassen Sie Ihr Gefühl noch ein bisschen stärker werden.

IV. Wenn Sie denken, dass das Gefühl am stärksten ist, lösen Sie den Anker aus: Berühren Sie sich dabei z.B. an einer bestimmten Stelle Ihres Armes oder am Bein. Machen Sie eine eindeutige Geste oder sagen Sie ein Wort.
Folgendes ist dabei wichtig: Der Anker muss eindeutig und unverwechselbar sein. Sie sollten also keine Bewegung oder Berührung wählen, die Sie sowieso schon oft unbewusst machen. Wählen Sie eine ganz spezielle Bewegung oder Geste, die aber leicht durchführbar ist.

V. Testen Sie nun, ob Ihr Anker funktioniert. Dazu denken Sie zuerst einfach an etwas ganz anderes, um sich von Ihrem geankerten Gefühlszustand zu lösen. (Unterbrecher: »Wie spät ist es?«)
Lösen Sie dann den Anker aus. Wenn daraufhin der gewünschte Gefühlszustand wiederkommt, dann hat das Ankern funktioniert. Wenn nicht, dann kehren Sie zu Schritt II zurück und wiederholen den Prozess so lange, bis der Anker sitzt.

Switchingkorrektur

Dauer ca. 2 Minuten

Kennen Sie diese Situation auch? Sie fühlen sich leicht desorganisiert. Manchmal verdrehen Sie Zahlen und Wörter und fühlen sich ein wenig unbeholfen.

Sie haben schon eine Menge an Veränderungsarbeit geleistet, jedoch immer mal wieder das Gefühl, es geht nicht recht voran.

Dann könnte ein sog. Switching vorliegen, das aus einer Überenergie, aus andauerndem Stress oder sogar toxischen Umweltstoffen herrührt.

Anti-Switching bietet Ihnen ganz leicht die Möglichkeit, etwaige Konzentrationsschwierigkeiten und das Gefühl etwas 'kirre' zu sein aufzulösen, um die Bahnen der persönlichen Veränderung besser zu ebnen.

Diese leichte Übung führt Sie sofort in eine bessere innere Ruhe und Balance und ist oft eine unverzichtbare Vorbereitung eines powervollen EFT Coaching.

Durchführung der Anti-Switching-Übung

(ist jederzeit durchführbar)

- Setzen Sie sich bequem auf einen Sessel oder Stuhl und strecken beide Beine lang aus.
- Dann überkreuzen Sie das linke Bein über das rechte Bein, in Höhe der Knöchel.

- Nun strecken Sie beide Arme aus, nach vorne, drehen Sie Ihre Handflächen nach außen, die Daumen zeigen dabei nach unten.
- Legen Sie nun Ihre rechte Hand über Ihre linke und verschränken die Finger beider Hände miteinander.
- Nun ziehen Sie Ihre gefalteten und verschränkten Hände an Ihre Brust heran.
- Nun kommt die dazugehörige Atemtechnik:
- Beim Einatmen ziehen Sie Ihre Zunge an den Gaumen direkt hinter den vorderen Zähnen.
- Beim Ausatmen lassen Sie die Zunge locker werden und wieder auf den Mundboden fallen.
- Ich persönlich mache es am liebsten mit geschlossenen Augen. Sie können dies jedoch frei wählen.
- Visualisieren Sie nun entweder eine Wippe oder jemand, der in Balance ist. Vielleicht jemand, der auf einem Schwebebalken im Gleichgewicht steht.
- Wenn Sie erst einmal mit dieser Übung vertraut sind, dann wird sich für Sie eine Gelegenheit zu einer bedeutsamen Transformation auftun.
- Sagen Sie sich innerlich bei der Visualisierung immer das Wort „Balance" oder „Gleichgewicht".
- Das wird den gewünschten Effekt weiter verstärken.
- Führen Sie dies ca. 2 Minuten durch.
  Immer wieder nach der o.a. Anleitung aus- und einatmen.
- Zum Schluss recken und strecken Sie sich und dehnen Ihren ganzen Körper.

Gehirnbalance | Zwischenentspannung

Dies ist die Gehirnbalance oder 9-Gamut-Folge. Durch Summen, Zählen, Summen werden beide Gehirnhälften verbunden.

Während Sie fortwährend den SP-Serienpunkt, den Handrückenpunkt (Gamutpunkt) zwischen 4. und 5. Finger auf dem Handrücken klopfen, machen Sie Folgendes:

Bewegen Sie Ihren Kopf nicht, nur die Augen. Schauen Sie geradeaus. Dann:

- Augen schließen
- Augen öffnen
- Augen nach unten rechts
- Augen nach unten links
- Augen 360° rechts im Uhrzeigersinn kreisen lassen, dabei so weit wie möglich die Augen in alle Richtungen dehnen.
- Augen 360° links gegen Uhrzeigersinn kreisen lassen, dabei so weit wie möglich die Augen in alle Richtungen dehnen.
- Melodie | Lied (laut) summen (ca. 2-3 Sekunden, z.B. „Happy Birthday")
- laut bis 5 zählen oder 4 x 7 rechnen
- wiederum Melodie | Lied (laut) summen

(Anmerkung: Es ist egal, ob Sie zuerst nach links oder rechts unten blicken und ob Sie die Augen zuerst im Uhrzeigersinn oder gegen den Uhrzeigersinn bewegen.)

Denken Sie an einen Smiley!

Antje Heimsoeth
—
Der mentale OlympiaFaktor

Antje Heimsoeth, Jahrgang 1964, ist Dipl. Ing. (FH). Als Gründerin und Geschäftsführerin des Instituts für Business- und Sport Coaching, SportNLPAcademy® und Heimsoeth Academy, trainiert Antje Heimsoeth Führungskräfte, Vorstände und Unternehmer.

Antje Heimsoeth gehört wohl zu den bekanntesten Mental Coaches und Vortragsrednern in deutschsprachigen Raum. Ihre internationale Erfahrung mit internationalen Konzernen und traditionsreichen Mittelständlern wie Adidas, BMW Group, Axis Communications GmbH, AIDA, Lufthansa Technik AG, Tecan Trading AG, Volksbanken, Sparkasse Vogtland, HypoVereinsbank UniCredit, msg services ag,

CarGarantie, Otto Group, ABC Breast Care GmbH sowie internationalen Spitzensportlern, Profi-Teams und Bundestrainern machen sie zu einer begehrten Keynote-Rednerin mit mentalem Olympiafaktor: Go for Gold! Die ausgebildete Ingenieurin - sie studierte Geodäsie -, ehemalige Leistungssportlerin, Unternehmerin, Bestseller Autorin und Hochschullehrbeauftragte ist internationale Expertin für Mentale Stärke, Motivation & Selbstführung.

Als anerkanntes professionelles Mitglied in der German Speakers Association (GSA) gehört sie zu Premium Speakers Schweiz und TOP 100 Excellent Speaker. Sie wurde als „Vortragsrednerin des Jahres 2014“ und mit dem Award „Erfolgreiche Unternehmerin 2016“ ausgezeichnet. Antje Heimsoeth besticht durch ihre Praxisfundierung, ihre gewinnende Art und ihre persönliche Leidenschaft für die Themen Mentale Stärke, Selbstführung und Motivation. Sie liefert Content vom Allerfeinsten und begeistert durch ihre Anschaulichkeit. Sie brennt für ihre Themen und ihre Kunden und das spürt ihr Gegenüber.

Ihren Expertenstatus unterstreicht Sie durch Ausbildungen als DVNLP-Lehrtrainerin (DVNLP), Coach, DVNLP, zert. LernCoach (nlpaed), ECA Sport Coach (Master Competence), Life Kinetik® Trainerin, zert. MentalCoach, Sportmentaltrainerin (HAG), wingwave®-Coach, zert. Business Coach, Gesundheitstrainerin, zert. Work Health Balance-Coach für systemische Kurzzeit-Konzepte, zert. Entspannungspädagogin.

Erst lesen, dann hören – oder umgekehrt

Antje Heimsoeth veröffentlicht regelmäßig Beiträge zum Thema Mentale Stärke, Selbstwert, Selbstvertrauen, Motivation, Gesund führen, Führung, Kommunikation und Mentale Gesundheit in Fach- und Publikumsmedien wie z.B. F.A.Z., Focus Experten Kolumne, Bild.de, Trainingsworld, Brigitte, Women´s Health, Highpotential, Markt und Mittelstand, GABAL, Managerin, AktivSteuern, Personal im Fokus, unternehmerWISSEN, HotelMOSAIK, Wissen + Karriere und Wirtschaftswoche. Mit ihrer Expertise geht sie auch auf Sendung beim Radiosender Sport1, BR und ManagementRadio sowie beim Fernsehsender Sky, BR, nrw.tv, Hamburg1 und RFO.

Zugleich hat sie ihre Erfahrungen und ihr Praxiswissen in mittlerweile mehreren Büchern niedergeschrieben.

Antje Heimsoeth im Interview

Profiler's Publishing fragt seine Autorin

Antje Heimsoeth, warum sind Sie Expertin für Erfolg?

Es ist meine Devise: Lerne von den Besten. Und ich durfte in der Arbeit mit vielen Spitzensportlern, Bundestrainern und Nationalmannschaften von den Besten lernen.

Ich übertrage die mentalen Techniken und Strategien aus dem Spitzensport ins Business, davon kann jeder profitieren, nicht nur die Führungskräfte und Vorstände, die ich zu Erfolgserlebnissen hinbegleiten durfte.

Und ich bin selbst sehr erfolgreich, was ich mit Stolz sagen kann. Wer kann besser Erfolgstipps geben, als der, der erfolgreich ist und mit Erfolgreichen arbeitet?

Sie kennen die Werbung: „Mein Auto – mein Haus – mein Pool ..“. Uns interessiert: Woran messen Sie Erfolg?

Ich messe nicht Erfolg, sondern ich spüre Erfolg.

Dazu gehört die Gesundheit und meine Lebenszufriedenheit.

Dazu gehören bereichernde Begegnungen und Momente in denen ich singend durchs Leben gehe .

Dazu gehört auch, wenn ich Neues von den Besten lernen kann, denn das ist meine Devise – von den Besten zu lernen.

Wie haben Sie zu Ihrem unverwechselbaren Stil gefunden?

Dadurch, dass ich meiner Intuition und mir treu geblieben bin. Viele Menschen versuchten mich auf Wege zu leiten – oft sicherlich gut gemeint –, doch ich habe immer auf meine Intuition gehört, ob es passt, denn nur ich weiß, wo mein Weg ist. Dazu gehört auch mein Umfeldmanagement. Ich lasse Menschen, die mir nicht gut tun, ziehen und pflege mein Netzwerk und förderliche Kontakte.

Ich bin extrem zielorientiert. Dabei geht es darum, sich zu Zielen zu committen, Visionen täglich aufzuschreiben und Ziele zu visualisieren – ich tue das in Form von Zielcollagen.

Welche kleinen Dinge machen Ihren Tag zu einem erfolgreichen Tag?

Natürlich Aufträge – ich liebe meinen Job. Er bringt mich rund um die Welt und in Kontakt mit vielen Menschen, vielen Kulturen, vielen Sichtweisen. Ich sehe es so, dass ich meine Berufung leben kann und darf.

Die Erfolge meiner Klienten.

Es ist nicht die Quantität der Begegnungen, sondern die Qualität. Es ist ist einfach schön, Tage mit Freunden zu verbringen und auch Zeit für mich zu finden, diese gestalte ich mit innerer und körperlicher Bewegung – mit Musik im Ohr.

Wenn ein guter Beobachter Sie eine Woche lang begleitet, woran kann er erkennen, dass Sie ein Erfolgstyp sind?

Daran, dass ich sehr fleißig und diszipliniert bin, sehr viel Fachliteratur lese, Kongresse besuche, mich mit Kollegen austausche, statt meine Zeit mit TV oder anderem zuzumüllen.

Und an meiner Kundenorientierung, ich greife eher zum Telefonhörer als zur Tastatur.

Zwei weitere Dinge: Ich prüfe, ob das, was ich tue, auf meine Ziele einzahlt. Und ich plane meine Entspannung, meine Reisen durch die ganze Welt.

Was sagen Sie den Zweiflern?

Arbeiten Sie an Ihrem Selbstvertrauen und an Ihrem Selbstbewusstsein. Stellen Sie sich die Frage, was Ihre Zweifel für Sie sicher stellen, denn meine tiefste Überzeugung ist, dass Zweifel eine Kernbotschaft beinhalten und ein Bedürfnis.

Wie lautet Ihr ultimativer Erfolgstipp?

Hören Sie auf zu jammern und ständig zurückzuschauen. Werden Sie aktiv. Seien Sie dankbar. Denken Sie groß.

Von Antje Heimsoeth gibt's noch mehr!

BÜCHER

HEIMSOETH, A. 2015

Chefsache Kopf. Mit mentaler und emotionaler Stärke zu mehr Führungskompetenz

Springer Gabler, 205 Seiten, 29,99 EUR

Selbstvertrauen, Selbstbewusstsein sowie ein gutes Selbstmanagement sind Schlüsselfaktoren für den Erfolg – nicht nur im Business. Wie im Spitzensport hilft es auch Managern, sich mental zu coachen. Das Ziel: Volles Leistungspotenzial jederzeit abrufen können. Mentales Training stärkt nicht nur das eigene Leistungsvermögen, sondern auch die Lebensqualität und schult die Wahrnehmung für sich selbst und andere. Dieses Buch zeigt, wie Sie mit Hilfe verschiedener mentaler Techniken an Motivation, Flexibilität, Zielfokussierung und Konzentration gewinnen, Stress und Angst bewältigen, mit Emotionen umgehen sowie Entspannung finden.

Dabei schlägt die Autorin Brücken zum Spitzensport und lässt Führungspersönlichkeiten, Experten und Spitzensportler zu Wort kommen, die Einblick in ihr Selbstmanagement gewähren.

Konkrete Anleitungen, Grafiken, Übungen und Praxisbeispiele garantieren dem Leser unmittelbare Umsetzungsmöglichkeiten.

HEIMSOETH, A. 2014.

Golf mental: Erfolg durch Selbstmanagement

Taschenbuch, 144 Seiten, pietsch, Stuttgart, 19,95 EUR

ISBN-13: 978-3613507722

Erfolg beginnt im Kopf.

Beim Golfen entscheiden mentale Aspekte zu 80 bis 90 Prozent über Sieg oder Niederlage. Im Spitzensport wird dieser Tatsache schon seit längerer Zeit Rechnung getragen und Mentaltrainer sind ein nicht mehr wegzudenkender Bestandteil des Betreuerteams. Doch auch im Amateurbereich, gleich ob Anfänger, Freizeitgolfer, Mannschafts- oder Tourspieler, kann auf jedem Niveau das Spiel durch den richtigen Umgang mit den eigenen Gedanken verbessert werden. Antje Heimsoeth, erfolgreicher Mental-Coach, präsentiert allen Golfern Tipps und Übungen zur Verbesserung ihrer mentalen und emotionalen Stärke.

HEIMSOETH, A. 2013.

Mein Kind kann's: Mentaltraining für Schule, Sport und Freizeit

pietsch, Stuttgart, 176 Seiten, ca. 150 Abbildungen
19,95 EUR

ISBN-13: 978-3613507166

Zahlreiche Kinder und Jugendliche erleben in Familie, Kindergarten, Schule oder im sozialen Umfeld Situationen, die Stress verursachen. Das kann zu Ängsten, inneren Blockaden, Schul- und Verhaltensproblemen führen. Mentaltraining kann Kindern und Jugendlichen helfen, das innere Gleichgewicht wieder zu finden, sich zu entspannen, konzentriert zu lernen, mit ihren Ängsten umzugehen und selbstbewusst zu werden. Mentaltrainerin Antje Heimsoeth arbeitet seit Jahren sehr erfolgreich mit Kindern und Jugendlichen und zeigt ihnen Wege auf, wie sie ihr Potential in Alltag, Schule und Sport voll ausnutzen können.

HEIMSOETH, A. 2008.
MENTAL-TRAINING FÜR REITER

Müller Rüschlikon, 202 Seiten, ca. 130 Abbildungen,

24,90 EUR

ISBN-13: 978-3275016402

HEIMSOETH, A. 2015.
MENTAL-TRAINING FÜR REITER

Müller Rüschlikon, 176 Seiten, ca. 120 Abbildungen,

19,95 EUR

Manchmal stehen sich Reiter selbst im Weg: Stress, (Versagens-)Ängste, Ungeduld, zu hoher Erwartungsdruck oder Blockaden verhindern, dass sie ihre reiterlichen Ziele erreichen. Antje Heimsoeth richtet sich in diesem Buch an all diejenigen, die konzentrierter reiten, stressresistenter werden, ihre Gedanken und Emotionen kontrollieren, ihre Motivation steigern, die Kraft der inneren Bilder (Visualisierung) nutzen und ihre Einstellungen ändern wollen. Sie zeigt vielfältige Wege zur Stärkung des Selbstbewusstseins auf. Blockaden werden in persönliche Stärken umgewandelt.

HEIMSOETH, A. in BUCHENAU, P. 2014.

Chefsache Prävention I

Antje Heimsoeth: Kapitel "Love it – Leave it – Change it"

SpringerGabler, Wiesbaden, 325 Seiten, 29,99 EUR

ISBN-13: 978-365803611

Verantwortungsvolles Handeln im und mit dem eigenen Unternehmen bedeutet, auch Prävention zur Chefsache zu machen. Prävention ist hier nicht nur als Mittel zur Gewinnmaximierung zu verstehen, sondern nimmt das Wohlergehen eines Unternehmens als ein von Menschen bewegtes, lebendiges System in den Blick. 15 Unternehmensberater, Trainer und Coaches stellen ihre ganz persönlichen Erfolgsrezepte zum Thema Prävention vor und zwar bezogen auf ihr jeweiliges Spezialgebiet.

Hrsg.: BANDT , M.

Autoren: Corinna Bathge, Michael Bandt, Susanne Grieger-Langer, Antje Heimsoeth, Johannes Glatze, Theo Prinz

Sinnstifter – Führen heisst Freiraume schaffen, BISW, Krefeld, 2015

19,95 EUR

Als Unternehmer und Führungskraft ist es unsere Aufgabe, die Vision und die Ziele des Unternehmens an unsere Mitarbeiter zu kommunizieren und sie dafür zu gewinnen, mit uns gemeinsam mit Spaß, Mut und Engagement an der Umsetzung zu arbeiten.

Hierbei steht die individuelle Behandlung jedes einzelnen Mitarbeiters im Vordergrund. Es gilt, Aufgaben und Zielvereinbarungen so zu gestalten, dass sie eine Herausforderung darstellen aber nicht zur Überforderung führen. Die Mitarbeiter aktiv bei der Erweiterung der persönlichen Fähigkeiten zu unterstützen. Schrittweise mehr Verantwortung zu übertragen und den Mut am Gelingen zu fördern. Kontrolle als Hilfestellung zur Zielerreichung zu gestalten und für jeden einzelnen den nötigen Freiraum zur persönlichen Entwicklung zu schaffen.

In diesen Buch öffnen 7 Experten ihre persönliche Schatztruhe und geben ihre Erfolgsgeheimnisse der Mitarbeiterführung preis.

HEIMSOETH, A. in GRIEGER-LANGER
Die 7 Säulen der Macht reloaded 2: 7 Speaker – 7 Schlüssel zum Erfolg

Profiler's Publishing, 2014, 17,90 EUR
ISBN-13: 978-3945112038

Was können wir noch von erfolgreichen Spitzensportlern lernen? Vertrauen in die eigenen Fähigkeiten, Selbstwirksamkeit, Selbstvertrauen, Zielfokussierung, Kontrolle der Emotionen, Gedankenhygiene, Lernen aus Niederlagen, Umgang mit Versagen, Ausdauer, Leidenschaft und Begeisterung, das berühmte Feuer in den Augen. Ob im Sport oder im Business, es braucht die Bereitschaft eines Top-Performers, sich ständig weiterentwickeln und reflektieren zu wollen, denn jeder Wettkampf, jede Herausforderung, jede Situation ist anders und einzigartig. Mehr zu Mentaltechniken, Selbstmanagement, Umgang mit Misserfolgen oder stärkenorientierter Führung lesen Sie im Kapitel „Siegen beginnt im Kopf".

HEIMSOETH, A., HENGSTSCHLAGER, M., ALTENHOFER M., SCHWEITZER, W.. Mentale Stärke

Verlag für Mentale Stärke, 2013, 227 Seiten, 19,00 EUR
ISBN-13: 978-3200032248

HEIMSOETH, A. in Leben in Balance – 18 Impulse, wie Sie das eigene Leben in den Griff bekommen, für Lebensqualität sorgen und Balance erreichen.

Antje Heimsoeth: Mit mentaler Stärke zu mehr Work-Life-Balance

Jünger Verlag, 2014, broschiert, 192 Seiten, 19,90 EUR

ISBN-13: 978-3766499301

19 Autorinnen und Autoren bieten Ihnen in 18 Artikeln Perspektiven für ein Leben in Balance. Die Beiträge beschreiben verschiedene Ansätze, wie Sie Ihre eigenen Ziele reflektieren und diese selbstbestimmt erreichen können, und zeigen Ihnen Wege zu innerer Stärke und Zufriedenheit. In unserer von ständigen Veränderungen und Stress geprägten Welt wird es zunehmend wichtiger, für die eigene Lebensqualität zu sorgen und auch mal »Halt« zu sagen, dem Hamsterrad zu entfliehen und das Leben von einer neuen Warte aus zu betrachten, für eine ausgewogene, gelungene Work-Life-Balance, ein Leben in Balance.

SPECK, P. , BRAUNER D. (HRSG.)

BERUFSZIEL INGENIEUR/WIRTSCHAFTSINGENIEUR

ANTJE HEIMSOETH: MENTALE UND EMOTIONALE STÄRKE FÜR DEN BERUFSEINSTIEG

Taschenbuch, Wissenschaft & Praxis, 2014, 2. überarb. u. erw. Auflage , 512 Seiten, 14,00 EUR

ISBN-13: 978-3896736758

Vielfach wird der Mangel an Ingenieuren und Wirtschaftsingenieuren beklagt. Der angehende Berufsnachwuchs hat ausgezeichnete Karrierechancen und kann sich relativ einfach (z. B. via Internet) über die verschiedenen Studienmöglichkeiten und potenzielle Arbeitgeber informieren. Ziel des vorliegenden Buches ist es deshalb nicht, diese Basisinformationen nochmals in gedruckter Form vorzulegen, sondern vielmehr darauf aufbauend die vielen Facetten des Ingenieurberufs, den Weg dorthin und die Perspektiven aus der Sicht von (jungen wie älteren) Praktikern näher zu beleuchten und damit dem Berufsnachwuchs eine wichtige Entscheidungs- und Orientierungshilfe zu bieten.

HÖRBÜCHER

HEIMSOETH, A. IN GRIEGER-LANGER

DIE 7 SÄULEN DER MACHT RELOADED 2: 7 SPEAKER – 7 SCHLÜSSEL ZUM ERFOLG

Profiler's Publishing, 2014, 17,90 EUR

ISBN-13: 978-3945112038

Nichts ist erfolgreicher als Erfolg! Hier sind sogar 7 Expertinnen für Ihren geballten Erfolg. Profiler Suzanne Grieger-Langer – 007-Speaker, statt 08|15 Redner – präsentiert Ihnen die Speaker-Kolleginnen für Erfolg: Stand-Up-Unternehmerin Simone Gerwers, Kundenverblüfferin Daniela Ben Said, Olympiafaktor Antje Heimsoeth, Markenübersetzerin Carmen Brablec, Stimmende Nicola Tiggeler, Zukunftsentwicklerin Silvia Ziolkowski und Biologin der Kommunikation Angela Dietz.

Die 7 Erfolgsgarantinnen interpretieren die 7 Säulen der Macht zum zweiten Mal neu.

Dieses Hörbuch lässt Sie sich nach oben scheitern, verhilft Ihnen zu verblüffendem Geist, schärft Ihre mentale Stärke, übersetzt Ihre Marke nicht nur in Mode, stimmt Sie ein, zoomt Ihnen Ziele und Zukunft heran und verhilft Ihnen zu Macht ohne Machtworte.

HEIMSOETH, A.

Mentale Gesundheit – Gesundheit, Erfolg, Selbstvertrauen und Lebensfreude

DVD, Auditorium, 2013, 17,95 EUR

HEIMSOETH, A.

Golf mental: Erfolg durch Selbstmanagement

(Gekürzte Ausgabe des Buchs)

Audio-CDs, Sprache: Deutsch, 19,95 EUR

ISBN: 978-3-00-049785-8

Firmenvorträge mit Antje Heimsoeth

„Für mich war das Beste Frau Heimsoeth." „Frau Heimsoeth ist ein echter Knaller." „Genial!" „Sehr guter Vortrag von Antje Heimsoeth. Eine echte Könnerin mit viel Charme und Esprit." „Rhetorisch exzellent vermittelt und sehr lebendig vorgetragen." „Starke Überzeugungskraft, hohe Anschaulichkeit." „Gut, spitze, motivierend." „Beeindruckend, sehr aktuell." „Ihr Vortrag war großartig." „Gelebtes Wissen auf der Bühne." „Top-Vortrag von Antje Heimsoeth. Unheimlich viel wertvolles Wissen zum Thema „Mentale Stärke" sehr charmant transportiert." - so vor kurzem noch Teilnehmer.

Was wir von Sportlern lernen können und wie Gewinner denken, vermittelt Ihnen Antje Heimsoeth, Expertin für Mentale Stärke, Selbstführung und Motivation, eindrücklich. Mit ihrer authentischen, leidenschaftlichen und natürlichen Vortragsweise mit Herz, gepaart mit ihrem Wissen und einer speziellen Gabe, begeistert und inspiriert sie die Teilnehmer ihrer Workshops, Seminare und Vorträge. Die ausgebildete Ingenieurin und ehemalige Leistungssportlerin vermittelt praxisnahe Einbindung der Teilnehmer, die die rasche Umsetzung im Alltag, Beruf und Sport ermöglichen. Als Trainerin und Coach in den Bereichen Sport, Teamtraining, Führung und Management sowie Bestseller Buchautorin ist sie Expertin ihres Faches. Antje Heimsoeth gehört wohl zu den bekanntesten Mental Coaches und Vortragsrednerinnen in Deutschland. Ihre internationale Erfahrung mit Kunden wie adidas, AIDA, BMW, Axis Communications GmbH, msg services ag, Lufthansa Technik AG, Tecan Trading AG, Volksbanken, Sparkassen, HypoVereinsbank UniCredit, zahlreiche weitere namhafte Banken, CarGarantie, Otto Group, ABC Breast Care GmbH sowie internationalen Sportlern, Olympiasiegern, Profi Teams und Bundestrainern machen sie zu einer begehrten Keynote-Rednerin mit mentalem Olympiafaktor: Go for Gold! Die ausgebildete Ingenieurin - sie studierte Geodäsie -, ehemalige Leistungssportlerin, Unternehmerin, Buchautorin und Hochschullehrbeauftragte ist internationale Expertin für Mentale Stärke,

Motivation und Selbstführung.

Als anerkanntes professionelles Mitglied in der German Speakers Association (GSA) ist sie international im Sport und in der Wirtschaft tätig. Als Top-Speaker gehört sie Premium Speakers Schweiz und zu den besten 100 Rednern in deutschsprachigen Raum. Professionell, authentisch und leidenschaftlich: Antje Heimsoeths Beruf als Key-Note-Rednerin ist ihre Berufung. Sie genießt ihre Auftritte.

Erst lesen, dann hören – oder umgekehrt

Antje Heimsoeth veröffentlicht regelmäßig Beiträge zum Thema Mentale Stärke, Selbstwert, Selbstvertrauen, Motivation, Gesund führen, Führung, Kommunikation und Mentale Gesundheit in Fach- und Publikumsmedien wie z.B. FAZ, Focus Online, Bild.de, Bild (Print), Trainingsworld, „Markt und Mittelstand", AktivSteuern, BRIGITTE Nr. 26, Women´s Health, Personal im Fokus, Wissen + Karriere, wirtschaftszeit.at, Zukunft-Training, unternehmer WISSEN, Pressewoche und Wirtschaftswoche. Zugleich hat sie ihre Erfahrungen und ihr Praxiswissen in mittlerweile mehreren Büchern niedergeschrieben - http://antje-heimsoeth.com/shop-buecher-und-mehr/.

Wie bei ihren Vorträgen steht der hohe Nutzwert ihrer Bücher für sie an erster Stelle.

Eine Auswahl ihrer Themen

- Was wir vom Spitzensport lernen können
    - Wie Gewinner denken
    - Ziele und Zielklarheit als Basis von Höchstleistungen
    - Kraft der Bilder im Kopf

- Lernen von den Weltmeistern
    - Was können Teams in Unternehmen von der deutschen Nationalmannschaft lernen? Was brauchen sie, um ähnliche Erfolge zu erzielen?

- Erfolge beginnen im Kopf - Wie Sie mit mentaler und emotionaler Stärke Höchstleistungen erzielen
    - Die innere Einstellung entscheidet über Erfolg und Misserfolg
    - Die Geheimnisse des Erfolgs
    - Konzentration auf das Wesentliche

- Gesund führen – sich selbst und andere
    - Was Führungskräfte für die Gesundheit ihrer Mitarbeiter tun und lassen können
    - Wie gesundheitsbewusste (Selbst-)Führung gegen Stress wirkt

- Chefsache Resilienz
    - Widerstandskraft für Mensch, Wirtschaft und Gesellschaft
    - Resilienz als Kompetenz erfolgreicher Menschen

- Wer andere führen will, muss sich selbst führen können - Selbstführung beginnt im Kopf

- Chefsache Kopf
    - Du bist, was du denkst: Die Macht der Gedanken
    - Motivation – was entfacht das innere Feuer?
    - Visualisierung: Die Kraft der inneren Bilder
    - Stärkenorientierte Führung
    - Umgang mit Scheitern
    - Die Einstellung macht´s
    - Veränderung beginnt im Kopf

Frauenpower

Gelassen. Souverän.

Der Vortrag handelt von den Erfolgsfaktoren erfolgreicher Frauen und den Erfolgsfaktoren.

Trotz Frauenquote und demografischem Wandel sind Frauen im Top-Management mit 15 Prozent Anteil noch immer eine Seltenheit. Liegt das allein am zu leistenden Spagat zwischen Fürsorgeverantwortung für Kinder und Führungsverantwortung im Job? Stetig besser werdende Betreuungsangebote widerlegen das. Die Gründe liegen vielmehr im Inneren der Frauen verborgen. Das Vertrauen in die eigenen Fähigkeiten und der Glaube an sich selbst sind die Basis jedes Erfolgs. Doch oft bremsen sich Frauen selbst, weil ihr innerer Kritiker sie an der eigenen Leistung zweifeln lässt.

Neben der Fürsorgeverantwortung für Kinder ist mangelndes Selbstbewusstsein ein typisch weiblicher Stolperstein auf dem Weg zum Erfolg und an die Spitze. Während Männer unter Vorstandskollegen ihre Stärken ausspielen, richten weibliche Führungskräfte ihren Fokus auf eigene Schwächen und werten sich selbst ab. Und während männliche Kollegen fast jeden Erfolg gebührend feierten, suchen Frauen für ihre Erfolge häufig Begründungen im Umfeld, statt sie sich selbst zuzuschreiben.

Dabei brächten Frauen viel Positives in die Führungsetage: Nicht nur, dass der demografische Wandel ihre Fachkompetenz für die Wirtschaft unverzichtbar werden lässt. Studien belegen mittlerweile, dass Unternehmen mit einem höheren Frauenanteil erheblich bessere Ergebnisse sowie eine höhere Rentabilität erreichen. Weibliche Führungskräfte haben einen anderen Stil als Männer, lassen z.B. Emotionen in Teams und Meetings zu. Damit geben sie der Führungskultur neue Impulse und tragen zur Vielfalt der Perspektiven im oberen Management bei.

Es bedarf mentaler und emotionaler Stärke. Wer von sich überzeugt ist, dem fällt ein sicheres und souveränes Auftreten leichter – und das überzeugt auch andere. Verschiedene mentale Techniken helfen, die persönlichen positiven Überzeugungen zu festigen, das persönliche Energiemanagement und die eigene Leistungsfähigkeit zielgerichtet zu optimieren, um den vielfältigen Ansprüchen, die an uns Frauen gestellt werden, gerecht zu werden. Zudem bleiben mental starke Frauen nachhaltig gesund – ein wichtiger Faktor bei der Vereinbarkeit von Kind und Karriere, denn die permanente Doppelbelastung durch Beruf und Familie wirkt sich bei vielen Frauen psychisch wie physisch negativ aus.

Die Erfolgs- und Motivationstrainerin, die selbst mit Authentizität und Leidenschaft erfolgreich Ihr Unternehmen aufgebaut hat, gibt im Vortrag mentale Übungen, sofort umsetzbare Tipps, Inspiration, wert-volle Impulse, Informationen, wie sie es schaffen, im entscheidenden Moment Höchstleistungen zu bringen. Erfolgreiche Menschen sind vor ihrem realen Erfolg bereits im Kopf Gewinner. Sie kommen dorthin, wo sie hin wollen, kraft ihrer Gedanken und inneren Bilder, dank ihres Muts, ihrer Disziplin und ihrer Entschlossenheit. Sie denken nicht, wie viele von uns, zu klein, sondern groß.

Möglichkeiten der Zusammenarbeit

Sie haben eine Verkaufskonferenz, eine Kundenveranstaltung, eine Mitgliederversammlung oder einen Kongress und suchen eine Referentin mit einem Thema, das die Zuhörer betrifft und fesselt? Sie möchten einem wichtigen Meeting, einer Veranstaltung durch einen Vortrag neue Impulse und eine neue Richtung geben? Für Firmenfeiern, Konferenzen, Geburtstage, Messen oder öffentliche Veranstaltungen stehen verschiedene Vortragsthemen zur Auswahl. Erhalten Sie erfrischende Impulse und horizonterweiternde Eindrücke in einem kurzweiligen und professionellen Vortrag, der zugleich unterhaltsam und informativ ist, und runden Sie damit erfolgreich Ihre Veranstaltung ab.

Sie führt gern ein Gespräch mit Ihnen vor einem Vortrag, um mit Ihnen die Themen abzusprechen, Ihre speziellen Wünsche, Erwartungen und Vorstellungen entsprechend zu berücksichtigen und einfließen zu lassen und Schwerpunkte in Vorträgen entsprechend zu setzen.

Veranstaltungen

- Kick-Off-Veranstaltungen
- Workshops Mentales Training
- Mitarbeiterschulungen
- Motivationsveranstaltungen
- Führungskräftetagungen, -trainings, -coachings
- Kundenveranstaltungen
- Jahresabschlussfeiern
- Vertriebsmeetings
- Verbands- und Vereinstreffen
- Kongresse, Tagungen, Messen
- Jubiläen
- Teamtraining
- Events

Aktuelle Termine und nähere Informationen erhalten Sie unter:
http://antje-heimsoeth.com/termine-uebersicht.html

Offene Seminare

EFFIZIENT – EFFEKTIV – WIRKUNGSVOLL – INDIVIDUELL

Gründerin und Inhaberin des Trainingsunternehmens SportNLPAcademy® | Heimsoeth Academy.

Wir freuen uns, wenn wir in Ihrem Unternehmen, Versicherung, Verband oder Verein Wortgefäße wie z.B. Mentales Training mit Sinn und Hintergrundwissen füllen können und Ihnen deren Möglichkeiten näher bringen dürfen. Als Spezialistin ist es das Ziel von Antje Heimsoeth, in einer verständlichen und positiven Sprache - untermauert mit sehr viel Fachwissen - die Wirkungsweise der Methoden und Techniken zu erläutern.

Das gelebte Wissen, das Antje Heimsoeth sich über viele Jahre der Erfahrung als Leistungssportlerin, Ingenieurin, Trainerin, Mental und Business Coach und in über 40 Ausbildungen erworben hat, gibt sie gerne in Vorträgen weiter. Sie versteht es, Menschen auf der Bühne mitzunehmen und zu begeistern.

Aktuelle Termine und nähere Informationen erhalten Sie unter: HTTP://WWW.HEIMSOETH-ACADEMY.COM/TERMINE

und WWW.HEIMSOETH-ACADEMY.COM.

Kontakt zum Sieg

Antje Heimsoeth

www.antje-heimsoeth.com

www.gesundheitscoachings.eu

www.heimsoeth-academy.com

+49 171 6163194

+49 8031 892969

info@antje-heimsoeth.de

Wendelsteinstr. 9b | D – 83026 Rosenheim